U0079324

我的第一堂植栽組盆美學課

PLANT DESIGN
RECIPE

Prologue —— 讓家庭園藝變身為遊戲的植栽設計指南

植栽設計並不單純指為植物挑選適合的盆器、修整樹形的視覺化作業，植物是有生命的，必須營造出適合其生長的環境，讓植物健康、美麗成長。在為植物打造一個家時，必須同時考量「植物和容器的搭配性、土壤與栽種方式以及生長環境」這三項要件，雖然有些繁瑣，但卻樂趣十足。

我曾在畫畫教室和學畫的學生對談。學生分享自己在畫畫的時候，在紙上感受到了自由，這段話一直烙印在我的心中。我喜歡植栽設計的原因，和那位學生畫畫的原因不謀而合，我也相當享受在組盆過程中，那股自由自在感。

在設計盆栽的時候，我能夠盡情使用植物和材料來造山、造海，還能打造出所有嚮往的地方。我能以自己的經驗做出迷你世界，更能運用想像力，創作出不曾造訪之處。以各種植物和材料妝點盆栽的過程中，我找到了靈魂的自由；以自然材料完整傳達了自我想法，在這個過程中，讓我內心獲得莫大的療癒。

最近在訪談和授課時，經常被問到，我的創作靈感從何而來？其實我認為「得到靈感」這樣的說法，對我來說言過其實了，相較於在日常生活中去做某些事，我更傾向於在生活中多觀察、多想像。包括搭車時遇見山嵐美景，會讓我沉迷其中；柏油路間綻放的花朵，也令我陶醉賞玩；空氣的觸感、氣味等抽象的感覺，我也細心感受，這些或許都是我的創作靈感資糧。

自從事植物相關工作以來，我經常不自覺地在作品中展現曾經接觸過的自然美景，透過我的想像重組，重新詮釋了大自然的美麗。有時候先有靈感才創作作品，也有時先準備植物和石頭，邊創作邊找尋各種想法。如果你也跟我一樣對植物充滿興趣，但卻不知從何下手，我建議不妨先從為一個小盆栽換盆開始，換盆的過程中，也許就會誕生出新的想法。

透過植物的外型或顏色，來喚醒印象深刻的經驗，或者自己熟悉的地點，也說不定會浮現該配什麼顏色石頭的想法。無論是什麼事，只要從自己能著手的部分慢慢開始，總有一天一定能實現目標。過程中投入的時間與心力，必然會影響結果的完成度，但只要專心一致，相信能夠完成令人滿意的作品。

最重要的是，這些事對我們來說並不是一項制式的、受到束縛的作業，而是可以盡情享受其中的樂趣。為傳達這樣的理念，我的工作室也取名為「庭園遊藝」。無論如何，希望各位能透過這本書，帶著遊戲的心情，享受植物帶來的樂趣。

Contents

Prologue 讓家庭園藝變身為遊戲的植栽設計指南 *3*

將植栽融入設計感，一起來組盆吧！
打造植物生長環境的土壤與石頭 *12*
家庭園藝的必備工具 *18*
植物給水方式 *20*
各類空間的適合植物 *21*
植栽組盆的設計要點 *24*

Foliage Plant Design

Part 1
觀葉植物組盆

觀葉植物的日常照顧方式 *32*

樹形圓柏石盆 *34*
彩葉芋水耕玻璃盆 *40*
三種蕨類合植矮花盆 *46*
墨西哥鐵樹多層次陶盆 *52*
椒草仿石矮盆 *58*
四季美景的開放房子花器 *64*

Design Works
觀葉植物設計作品

白雪皚皚的透明盆 *72*
紅葉迷你庭園 *73*
積雪的漢拏山 *74*
山與石透明盆 *76*
椒草扁圓花盆 *78*
自由的燈心草口罩盆栽 *79*
夏日苔蘚森林 *80*
耶誕玻璃屋 *82*
海與山透明瓶 *84*

Succulent Plant & Cactus Design

Part 2

多肉植物&仙人掌組盆

多肉植物&仙人掌的日常照顧方式 *88*

從蛋殼綻放的山地玫瑰 *90*
子寶透明回收瓶 *96*
一枝獨秀的珊瑚大戟陶盆 *102*
捲葉毬蘭的紙盒再利用 *108*
仙人掌的擬真荷包蛋設計 *114*
心形多肉紅酒杯 *120*
海邊石縫的丸葉姬秋麗 *126*
穿梭石縫間的華麗孔雀丸 *132*
侏儸紀多肉合植世界 *138*
多肉&仙人掌迷你花園 *146*
有高度差的多肉組盆 *154*
運用相框的多肉設計 *160*

Design Works
多肉植物&仙人掌設計作品

約書亞樹國家公園 *168*
龍骨仙人掌陶盆 *171*
孔雀丸方形陶盆 *172*
海洋中的受困鯊魚 *173*
普諾莎球形花盆 *174*
沿石山生長的碧魚連 *175*
可愛的多肉集合 *176*
沙漠的日與夜 *178*
玻璃瓶的多肉世界 *180*
沙漠的仙人掌 *182*

Orchid & Moss Design

Part 3

附生植物組盆

附生植物的日常照顧方式 *186*

燭台苔蘚庭院 *188*

東方風石斛蘭石盆 *194*

東亞萬年苔玻璃茶壺 *200*

風蘭淺黑盆 *206*

三冠王石斛圓盆 *214*

蜘蛛蘭苔球 *220*

Design Works
附生植物設計作品

山海間的釜山之城 *228*

水池的附石鹿角蕨 *229*

多素材附石盆景 *230*

玻璃碗風蘭苔球 *231*

玻璃罐苔蘚小森林 *232*

矮小的苔蘚庭院 *233*

咖啡壺苔蘚世界 *234*

水耕附石蘭花 *235*

東洋風蘭花盆景 *236*

鹿角蕨椰殼苔球 *237*

鹿角蕨上板 *238*

生生不息的水池生態園 *239*

蒙古的紅色沙漠 *240*

柏油路縫隙之花 *242*

附石圓葉風蘭 *243*

Mountains

將植栽融入設計感，
一起來組盆吧！

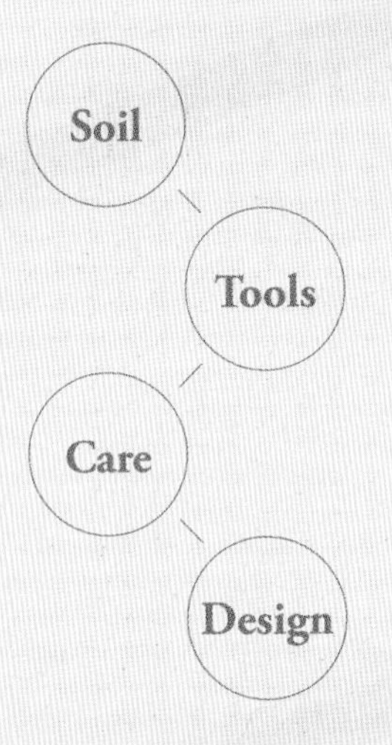

Soil　打造植物生長環境的土壤與石頭

各類用土與介質

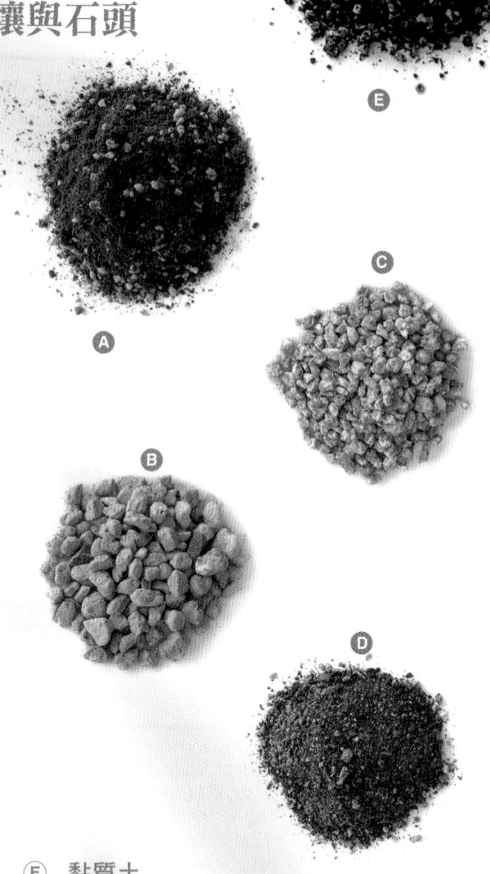

Ⓐ 培養土

由多種土壤混合而成的園藝用栽培土，內含泥炭土、椰纖、蛭石、肥料等等，每個廠牌的比例各不相同。消毒過後適合用於室內園藝，土內均勻涵蓋有機質、無機質，有助於植物生長。作為基本用土，可再依植物需求，混合其他介質。

Ⓑ 輕石

又稱作浮石。具有重量輕，能提高排水性、保水性、通風性的特徵，常混合於基本用土中使用。也常單純用於製作排水層。市面上販售的有大、中、小、細粒，本書主要使用中粒。

Ⓒ 蛭石

為提升排水性，會將基本用土加蛭石混合使用。也會單純用於製作排水層，或作為收尾材料。建議購買清洗過的蛭石，若使用未清洗的蛭石，附著於蛭石的黃土會造成凝結，導致排水困難。市面上有販售不同大小，依用途挑選即可。

Ⓓ 砂質土壤

顆粒介於沙和土之間。常用於多肉植物換盆時。在比較輕盈的培養土中，加入砂質土壤混合，植物根部就不會搖晃，能牢牢固定住。不過若加太多，可能導致排水不易。

Ⓔ 黏質土

一種添加特殊黏著成分的黏性土。加水攪拌後，會產生黏性，常用於黏著或固定植物。若希望好好固定，需要有充足的乾燥時間。

Ⓕ 活性碳

由木炭壓製而成，能防止細菌生長，吸收氮氣、氨氣等有害物質。活性碳能擔任淨化水質的角色，使用沒有排水孔的盆器或玻璃容器時，必須在最下層鋪上活性碳。若沒有活性碳，可以用燻炭或木炭等代替。

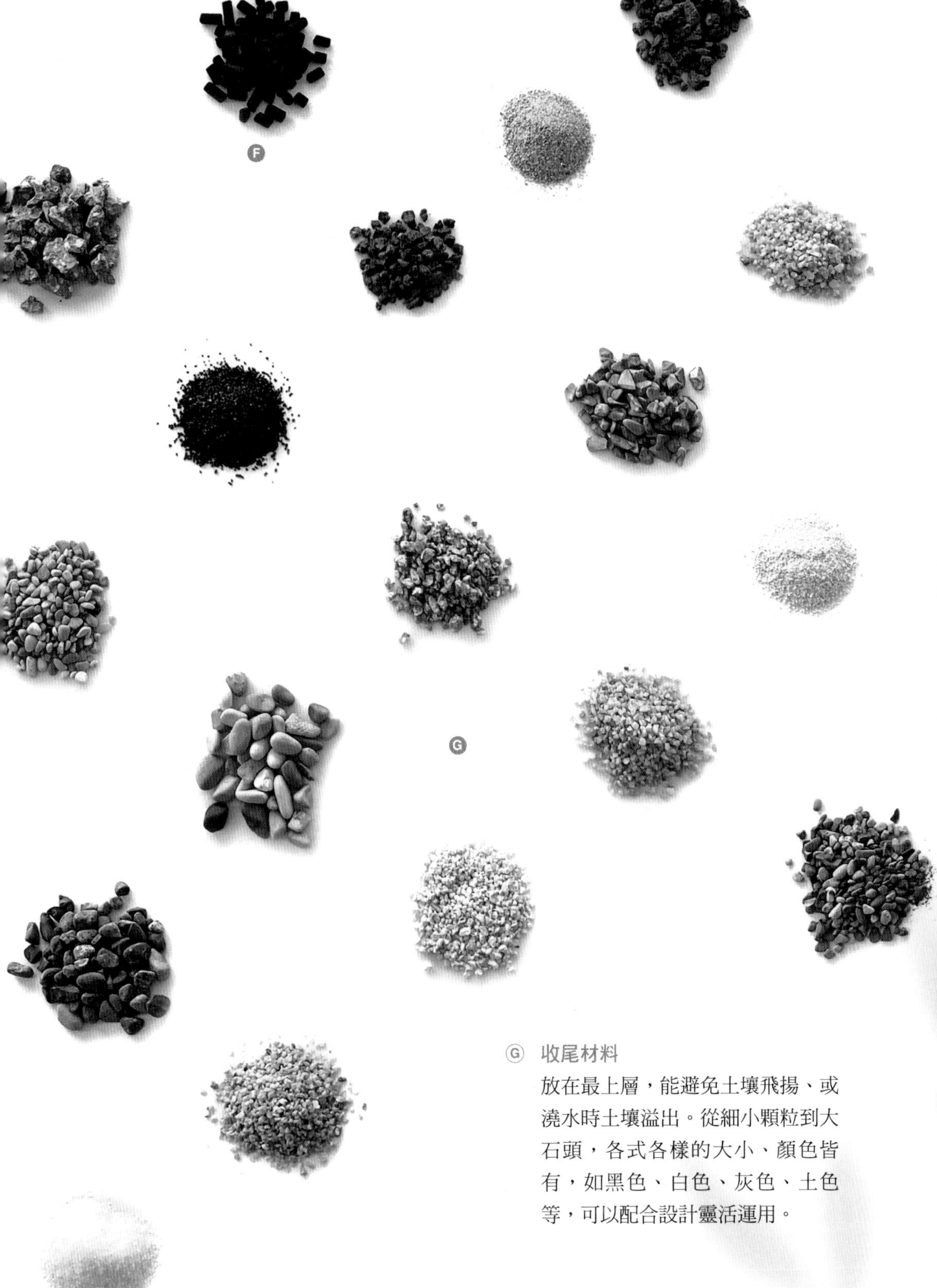

Ⓖ 收尾材料

放在最上層，能避免土壤飛揚、或澆水時土壤溢出。從細小顆粒到大石頭，各式各樣的大小、顏色皆有，如黑色、白色、灰色、土色等，可以配合設計靈活運用。

其他介質

Ⓐ 水苔

水苔是以濕地的苔蘚加工製成的材料，無病菌、乾淨，且保水力佳，可以長期保持水分。水苔的通風性良好，經常用於栽種附生植物。水苔以乾燥狀態販售，建議使用前先泡水 9 個小時，瀝乾水分後再使用。用剩的水苔拿到陰涼處晾乾，就能重複使用。

Ⓑ 樹皮

樹皮常用作盆栽的覆蓋層（覆蓋在土壤上方），也常用於栽種附生植物。為防止樹皮生菌，使用前最好清洗乾淨。栽種附生植物時，建議先將樹皮泡水半天左右，讓樹皮完全浸濕後再使用。

Ⓒ 椰纖片

椰纖片為天然植物纖維，通風性、保水性、吸水性等皆良好，常用作盆栽上的覆蓋材料。椰纖片也可以作為鋪在花盆底部的墊片，可鋪入多層，幫助排水。

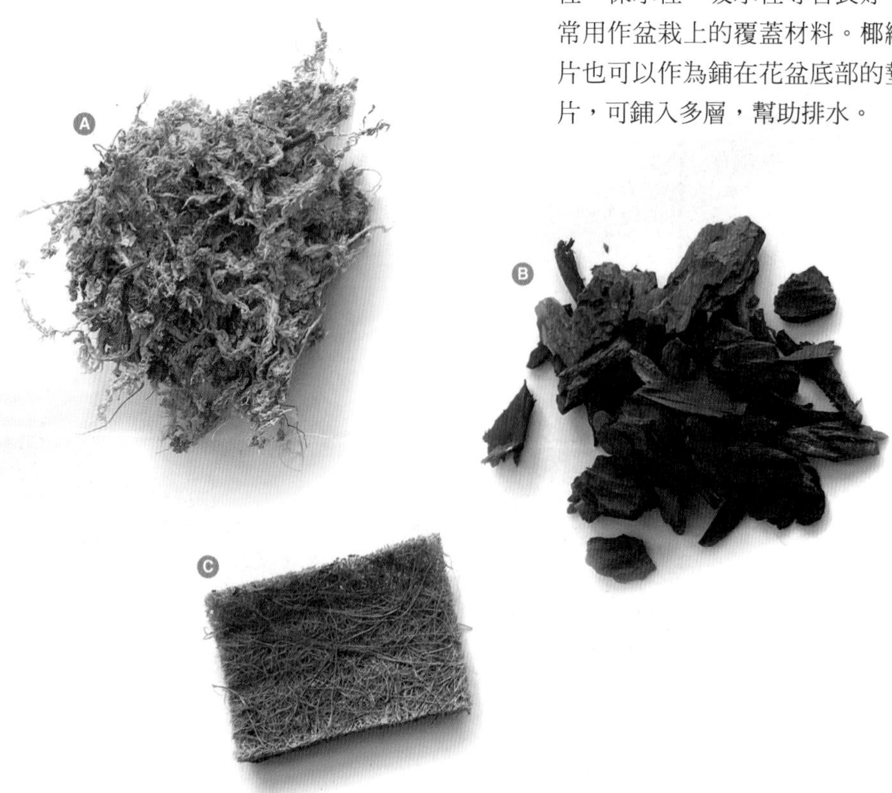

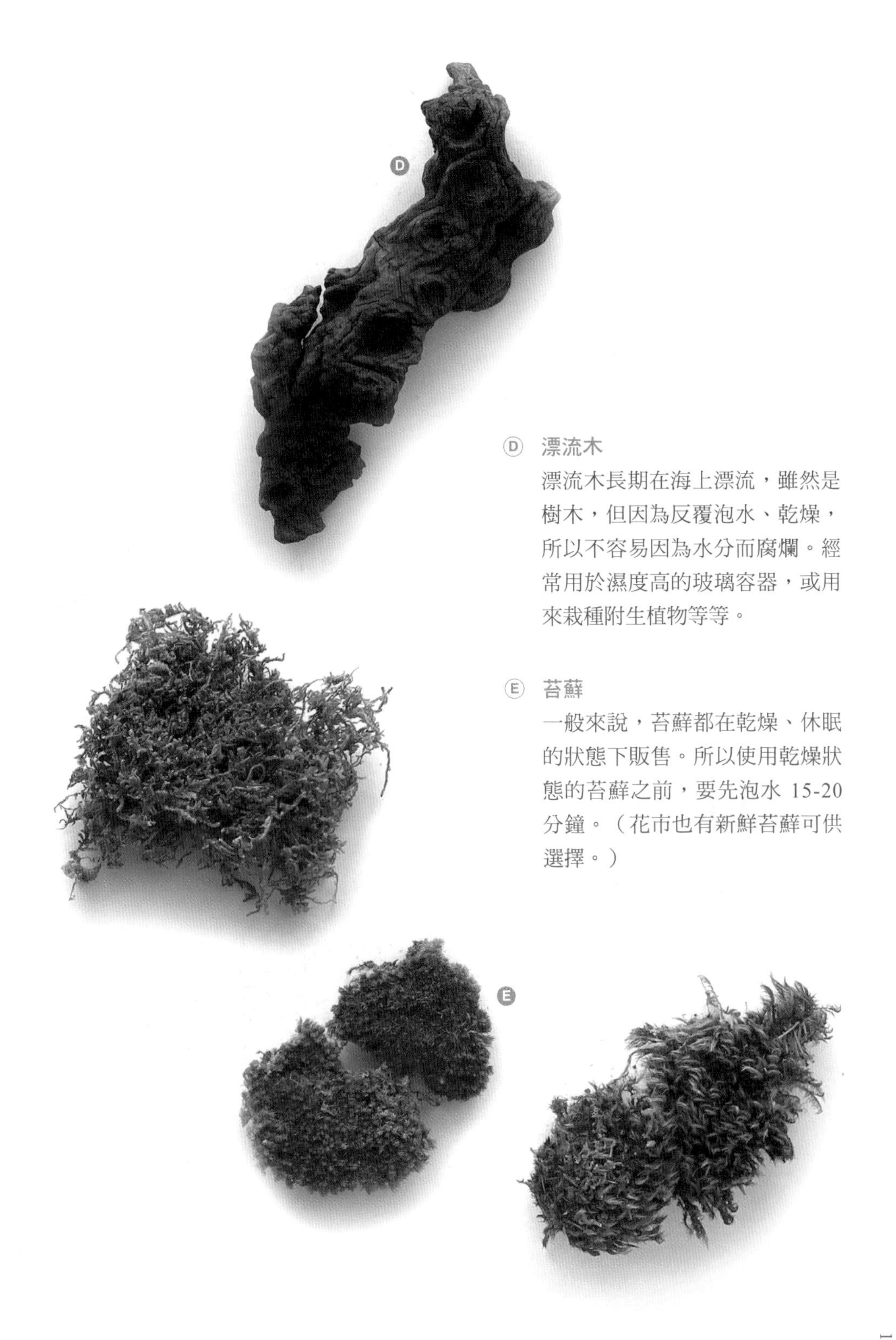

Ⓓ 漂流木

漂流木長期在海上漂流，雖然是樹木，但因為反覆泡水、乾燥，所以不容易因為水分而腐爛。經常用於濕度高的玻璃容器，或用來栽種附生植物等等。

Ⓔ 苔蘚

一般來說，苔蘚都在乾燥、休眠的狀態下販售。所以使用乾燥狀態的苔蘚之前，要先泡水 15-20 分鐘。（花市也有新鮮苔蘚可供選擇。）

裝飾用石頭

Ⓐ **咕咾石**

白色、多洞、粗糙的石頭。有漂亮的珊瑚紋理，可呈現原始的自然風貌。

Ⓑ **松皮石**

帶紅色調、表面粗糙、擁有不規則木質感的石頭。松皮石較為脆弱，若有需要，可以敲碎後使用。

Ⓒ **火山石**

洞多、重量輕的石頭。市面上有黑色和紅色兩種。

Ⓓ **木紋石**

石頭的紋路和木頭相似，泡入水中，紋路會更為鮮明。

Ⓔ **火山原石**

火山原石的洞不像火山石一樣多，重量比火山石還要重，為表面粗糙的火山石種類之一。

Ⓕ **紅石**

不規則混合紅色、褐色、白色的石頭。由於在紅色調中混合許多顏色，因此主要呈現出明亮感，並帶有不規則紋路。

Ⓖ **蛋石**

經常被使用的石頭，因為外型像雞蛋，而被稱作蛋石。一般呈現亮灰色，種類十分多元。

Ⓗ **鵝卵石**

圓形的石頭，外型和蛋石類似，不過形狀更圓、重量更輕一些。

Ⓘ **撿來的石頭**

不論山區或海邊，只要到能找石頭的地方，蒐集自己喜歡的石頭，就能運用於植栽組盆中。使用前要清洗乾淨，也可以用滾水消毒。

Tools 家庭園藝的必備工具

Ⓐ **鏟子**

鏟子有分各種大小以及材質，選擇多元。主要用於翻土作業時，依用途選擇大小即可。

Ⓑ **橡膠槌**

移盆時，若植物根部牢牢附著，可以用橡膠槌敲盆器，有助於分離。或要在盆器上鑽排水孔，先以螺絲鑽洞，再以鎚子敲打，就能輕易鑿洞。

Ⓒ **園藝剪刀**

用於剪枝、剪葉、整理樹形。要剪較粗的樹枝時，建議選用把手較長的剪刀。

Ⓓ **園藝鐵絲**

主要用於固定植物的形狀或固定特定部位。

Ⓔ **噴霧器**

主要用於在葉片和莖上灑水，提升植物的溼度。玻璃容器植物通常不在土上噴霧，而是噴在玻璃表面，藉此供給水分。如果容器的入口較小，可以使用噴管較長的噴霧器。

Ⓕ **鑷子**

用於容器入口小、手不容易進出的玻璃容器植物，或用來處理小型植物的細節。可依使用需求選擇適合的鑷子長度和外型。

Ⓖ **花盆墊片**

放在盆器底部，用來阻隔排水孔，避免土壤流失。剪成符合洞口的大小即可使用。

Ⓗ **竹籤**

栽種多肉植物時，使用竹籤在根部間的縫隙填入土，可提升土壤的密度。竹籤的尖端也能用來展開苔蘚、散開根部，以及處理難以用手完成的細節。

Ⓘ **吹塵球**

用於清理石頭上的灰塵。

Ⓙ **塑膠片、膠帶**

使用木箱等不耐濕的材質當盆器時，會使用塑膠片仔細包覆，再以膠帶或釘書機固定。

Ⓚ **釣魚線**

製作苔球時，會使用釣魚線將水苔、樹皮、苔蘚等包覆及固定。

A
B
C
D
E
F
G
H
I
J
K
정원놀이

Care 植物給水方式

每種植物喜好的環境不盡相同，不過室內植物比起水分不足問題，更常遇到過度澆水的情況。如果土壤長期維持濕潤狀態，會導致根部無法呼吸，對植物來說可能是致命傷。根據植物與環境，給水十分重要，如溫度低的冬天或潮濕的雨季時，可以拉長澆水間隔的時間。

以蓮蓬頭澆水

以沖洗的方式澆水，能夠提供充足的水分，同時達到噴霧效果。此外，還能避免害蟲，預防蟲害的發生。

以噴霧器澆水

著生蘭、苔蘚、空氣鳳梨等會吸收空氣中濕氣的附生植物，和喜好高濕度的觀葉植物，須定期以噴霧器澆水。玻璃容器的水分較不易散失，若直接澆水在植物上，可能不利於呼吸，因此會藉由對容器邊緣噴霧來供水。

浸盆法

將盆栽放入盛水的容器中，讓植物從底部吸水的方式。因為是從最底部吸水，根部整體都能吸收水分和養分。水量大約是盆栽的下方三分之一即可。

浸泡於水中

空氣鳳梨可以透過經常噴霧來給水，也可以定期浸泡供水。泡水時間為 30-60 分鐘，再取出瀝乾即可。

各類空間的適合植物

擺放植物之前要特別留意，植物並非單純的物品，而是有生命的存在。植物需要持續關心與照料，並為植物營造適合的生長環境。雖然栽種過程可能有點繁瑣，但植物帶來的空間變化和喜悅感，絕對讓人值回票價。要在不同空間擺放植物時，必須考量植物喜好的光線、濕度和溫度等條件，才能做出最合宜的搭配。

客廳　光線充足的客廳可以種植各式各樣的植物，喜好光線的多肉植物和仙人掌、觀葉植物、蘭科植物等皆可。客廳是家中最寬廣的空間，特別適合種植葉片大的植物，也能擺放多個盆栽達到綠化效果。盆栽的素材和設計可以針對室內設計風格進行挑選。

臥室　主要在晚上活動的臥室，可以挑選會行光合作用、晚上釋放氧氣的多肉植物、仙人掌、空氣鳳梨等。不過，這些植物要在陽光充足的環境才能健康生長，必須留意光照情形。如果挑選帶刺的仙人掌，也要留意放置在安全的空間。

浴室　在濕度高的浴室中，可以栽種喜愛高濕度的植物。如果浴室有窗戶，能讓空氣更流通，可以挑選適合高濕度的蕨類或空氣鳳梨。只要有少許的光線和水分，就能維持翠綠的苔蘚，也是不錯的選擇，不妨打造一座小苔蘚庭園吧。

陽光較少的空間　沒什麼陽光的空間並不建議擺放植物。由於植物是透過葉片吸收光線，進行光合作用，獲取生長所需養分，因此在陽光不充足的空間難以生存。即使是蕨類等適陰植物，在有陽光的地方仍更有助其生長。如果要在陽光較少的空間擺放植物，建議架設植物燈。植物燈會釋放能幫助植物生長的波長，在陽光較少的冬天、雨季，或因空氣污染而光照不足時，都能派上用場。

Design 植栽組盆的設計要點

植栽設計並不只是為植物挑選適合的容器或修整樹形。組盆時，不僅要為植物挑選適合的外衣，還要為植物打造適合的環境，如此才能讓植物健康、美麗成長。世界上有無數的植物，要注意的細節十分繁多，但最重要的莫過於，千萬不要認為這是一件困難的事情，而是要帶著輕鬆愉快的心情，像玩遊戲一樣開始著手吧！

Point 1 任何東西都可以當盆器

市面上有各式各樣的盆器，材質和設計十分多元。不過，即使不是市售的專用盆器，只要大小適當，像是杯子、鍋子、玻璃罐、一次性塑膠容器等等，都能當作盆器來使用。容器本身沒有洞也沒關係，只要能挖洞，就能做出排水孔，但若有困難，就好好製作出扮演排水孔角色的排水層。輕石、蛭石都可以用作排水層，不過若澆太多水，可能導致積水或過濕，必須多加留意。如果是沒有洞的容器，不太適合根部生長快速、需要常澆水的觀葉植物，建議選擇澆水間隔時間較長、根部生長速度慢的多肉植物。

Point 2
設計之前先思考植物的形象

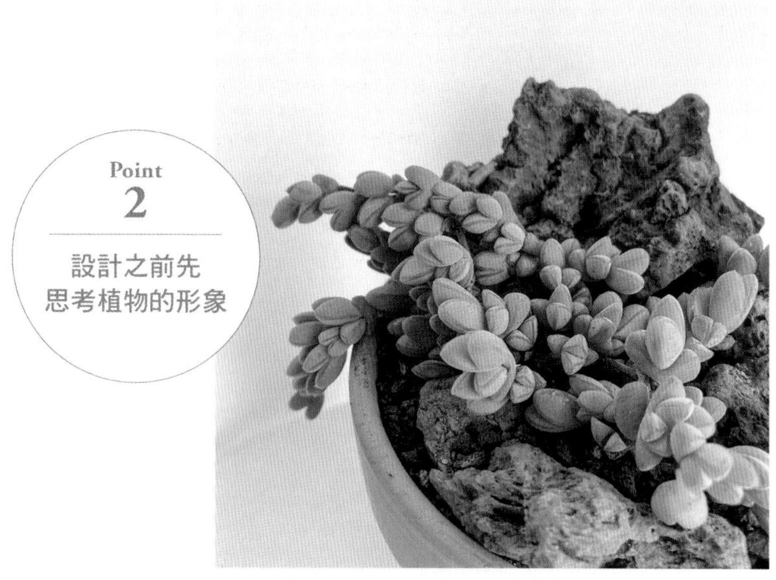

組盆時，須先觀察要栽種的植物，並且在腦中思考呈現出來的各種感覺。只要找出植物的特徵，設計起來就會容易許多，例如植物是否像特定的動物、是否像某種形狀、是否顏色讓人印象深刻等等。設計時並非直接以自然的材料組合，而是要先想像該植物在大自然中的樣貌，思考其配置或線條，並反映到作品上，就能呈現自然的設計。靈感除了來自森林、海洋、公園外，仔細觀察都市中的柏油路、路邊各種植物等，也都能獲取靈感。

Point 3

植栽設計的基本在於掌握樹形

掌握樹形，是植栽設計的基本。如何運用植物本身的樹形，呈現出獨特的風采，是設計最重要的過程之一。首先要決定盆栽的正面，再決定植物的栽種位置和斜度。栽種之前請預先將植物放入盆器內，以各種角度觀察看看，除了從前面看要漂亮，左側、右側和後方的角度也要一併考量。若要合植，就要嘗試各種排列組合，找出最佳的樹形。若要將盆栽放到圓桌等能以各種角度欣賞的空間，更要留意從各個角度看到的型態。與其毫無想法地將植物種在正中央，不如依據植物的樹形和盆器的型態挑選位置。如果是傾向一側的樹形，就要稍往一側放置，讓整體更有穩定感。左右空間稍作調整，整體感覺就會大不相同。此外，也要考量植物開花、生長過後，變得繁盛的模樣。

Point 4
每種植物各有不同的栽種方式

不同種類的植物，喜好的環境各不相同，栽種的方式也有所差異。以根部較敏感、喜好水分的觀葉植物來說，要使用輕巧、空氣流通性好的培養土。填土後，不要以手用力壓，最好邊澆水，邊讓土與植株密合。以多肉植物和仙人掌來說，許多品種的根較脆弱，需要使用竹籤在根莖間邊戳邊放入介質。避免邊澆水邊栽種，以免導致根莖腐爛。栽種蘭科植物時，在根莖間要仔細放置水苔或樹皮，既能幫助固定植株，還有助於維持根部水分。

Point 5
合植時須考量生長條件

植物混種時，最初的工作就是選擇適合組合在一起的植物。挑選的重點並不是為了短暫的欣賞，因此首要之務是考量植物們必須擁有相似的生長環境，唯有如此才能長久種植。除了挑選所需日照、溫度、濕度、水分等環境條件相似的植物，也要考量生長速度雷同，如果其中一樣植物生長特別快速，植物間的平衡很快就會被打破。此外，也要留意顏色、外型、質感等視覺條件。

Point 6 讓空間適度留白

布置盆栽時，不妨參考「留白之美」、「簡單就是美」的說法。收尾材料，比起選用漂亮華麗的東西，更重要的是想要凸顯什麼樣的特徵。無論是想要凸顯植物獨特的樹形、盆器的造型或質感，還是植物特有的顏色，依據想要強調的重點不同，收尾材料的顏色、大小、質感等也會隨之改變。可以先挑盆器，再選符合盆器質感的植物，也能透過收尾材料凸顯植物的色彩。要明確知道自己想要凸顯哪個特色，才能搭配對應的設計。

Point 7 運用大小與高度打造自然感

擺放最上方的石頭、苔蘚或收尾材料時，可以思考一下實際大自然的模樣。舉例來說，想像山中的大石緊挨著小苔蘚，大苔蘚附近散佈著小石頭的模樣。盆栽內景觀的實際高度，應如同大自然景象般高低不一，形狀也多元呈現。植物和石頭要避免放成一直線，大小也要交錯運用，才能帶出空間感，讓整體作品平衡，營造出更自然的感覺。

透過玻璃觀看土壤時，能感受到一股大自然的新鮮氣息，且以肉眼就能確認土壤是否過乾。由於玻璃容器的側面也是透明的，堆疊材料時要多加留意，可以選用各色的石頭，做出不同的層次、形狀，也能夠做出波浪等曲線。每一層都要使用顏色對比的石頭，才能凸顯曲線；愈往上層的石頭顆粒要愈大，石頭才不會往下層掉落，以至破壞原有的設計。此外，排水層選用灰塵少的石頭，能讓盆栽保持清潔。

Point 8
玻璃容器的側面也是觀賞重點

Point 9
運用生活中的工具來享受園藝之趣

開始栽培植物以後，我們會更加地關注起各種器具，但其實在日常生活中，不難找到各種可以運用的工具，即使不是專業的園藝用品，也有許多機會派上用場。舉例來說，要將土壤或石頭放到手進不去的小容器時，可以用厚紙張做成漏斗代替手；一次性的免洗筷能夠用來翻土。並非擁有專業的工具，才能享受園藝的樂趣，別執著於工具本身，一起善用替代道具們試試看吧！

Part

1

Foliage Plant Design

觀葉植物組盆

觀葉植物的意思，
就是為了觀賞美麗的葉片
而栽種的植物。
一起來學學如何為植物
挑選適合的盆器、
設計出專屬自己的風格，
以及不同植物的合植技巧吧！

Care 觀葉植物的日常照顧方式

基本照顧 只要清楚知道植物的原生地特徵，就能掌握照顧植物的重點。觀葉植物大多來自熱帶和亞熱帶，這些地區的天氣溫暖、潮濕，所以照顧時要為植物打造出和原生地相似的環境。在溫暖國家生長的植物，尤其很難應付寒冷又乾燥的冬天。一般來說，觀葉植物要在溼度高的地方，葉片才能完整進行光合作用，維持植物健康，所以冬天如果是養在開暖氣的室內，就需要經常噴霧。若濕度過低，會使葉片的狀態不佳，也可能導致病蟲害發生。

葉片照顧 觀葉植物是以葉片作為觀賞重點，所以要特別留意葉片的健康與變化。植物的葉片無法長存，老葉必然會掉落，新葉也會生長。對植物新手來說，看到葉片變黃難免會害怕，不過，只要植物沒有整體變黃，只是部分變黃，那就有可能只是正常的落葉現象。植物最下層或最外側的葉子是長得最久的老葉，所以會最先掉落，而葉子變色，只不過是葉子為了掉落而終止養分的自然過程。

給水重點 大部分的觀葉植物若表層土壤乾燥，就要充分給水。澆下充足的水分直到水從排水孔流出之前都不要停止，讓水均勻滲透到土裡。夏天時，植物的活動性較高，吸水量也較多，且因為溫度較高，蒸發速度會比較快，因此要增加澆水的次數。冬天時，植物的活動性較低，吸水量減少，土壤乾燥的速度也會減慢，所以澆水的間隔時間需拉長，同時要留意維持好空氣濕度。

栽種環境 適合觀葉植物的土壤，必須具備良好的排水性、通風性與保水性。觀葉植物的成長速度相對快，且喜好高濕度，蒸發作用也快，因此維持土壤濕潤並適時保持乾燥，是非常重要的關鍵。為避免水分滯留在盆器中，也必須打造成排水性佳的環境。此外，土壤必須擁有空氣層，鬚根的吸水能力才會好；若土壤太快變乾，則無法好好吸收水分，因此需要好的保水性。

Ⓐ —— 收尾材料 避免土壤飛揚，增添設計趣味。

Ⓑ —— 觀葉植物培養土 基本用土加上輕石或蛭石，以 7:3 的比例混合使用。如果放置的環境不佳，可以減少土的比例。

Ⓒ —— 排水層 鋪上輕石或蛭石，製作成排水層。使用沒有排水孔的盆器時，排水層即擔任排水孔的角色。

Ⓓ —— 活性碳 盆器沒有排水孔時，發揮淨水和除臭的功能。

樹形圓柏石盆

這款設計以粗糙質感的石盆搭配樹形圓柏。
雖然裝飾並不精緻華麗，但只要盆器與植物相配，
就能完成有質感的作品。
樹旁放上一小塊苔蘚做簡單點綴，
能營造出安穩舒適的感覺。

材料

植物&容器
圓柏、苔蘚
造型石盆

介質&裝飾
蛭石、
觀葉植物培養土

工具
花盆墊片、鑷子、
澆水壺、剪刀

Gardener's Note

我在韓國利川陶藝村認真挑選花盆時，店家老闆和我分享：「花盆美，花就不美了。挑花盆隨興一點，花才會美」。這段話我一直放在心頭。日後我挑選花盆時，除了考量花盆與植物，也會顧慮整體的氛圍。

圓柏種於石盆，宛如一幅自然作品。為展現出圓柏蜿蜒生長的特性，特意挑選了俯視時樹形獨特的外型。完成後可以放在陽光充足的窗邊，若放置在能俯視的位置，更能感受樹形之美，彷彿帶著休憩心情觀賞靜謐的庭院。

How to Make

1 圓柏的外盆用手掌略壓，讓土和盆分離之後，一手抓盆，另一隻手抓圓柏的底部，就能輕鬆將圓柏脫盆。檢查植物的根部狀態，剪除過黑和過軟的部分。

2 在石盆的排水孔處鋪上墊片。

3 接著鋪上適量高度的蛭石，做成排水層。

4 將圓柏放入石盆內，整理好樹形後，在縫隙處填入觀葉植物培養土並固定。

TIP 觀葉植物培養土是將基本用土加上輕石或蛭石以 7:3 的比例調配。

5 用澆水壺以繞圈方式澆水，並邊略壓、整理土。

6 將苔蘚剪成圓形，放到圓柏旁，做出立體感。

TIP 若苔蘚為乾燥狀態，先浸泡水 15-20 分鐘，恢復狀態後再擰掉水分。若有異物或不健康的部分，先用小鑷子或手去除。

7 在土上剩下的空間裡，均勻鋪上蛭石，將空隙填滿後，用手壓實即完成。

照顧方式

圓柏為常綠針葉樹，主要生長於高山的石間，為避風而有橫向倒臥生長的習性。因為這個原因，照顧時要特別留意通風。表層土壤乾燥時，要充分給水。圓柏喜好陽光，能在露地、寒冬中生長，因此也適合種植於室外露台或庭院。

圓柏最大的特徵，
在於他擁有橫向生長的樹形。
從上而下望時，
其姿態尤其優美。

彩葉芋水耕玻璃盆

紙莎草生長於埃及尼羅河一代的濕地，
原文為 Papyrus，是 paper 的字源。
而來自亞馬遜熱帶雨林的彩葉芋，
擁有白色愛心形狀的葉子，又被稱作「天使之翼」。

材料

植物&容器
紙莎草、彩葉芋
底面平坦的玻璃盆

介質&裝飾
石頭（三種顆粒）、
鵝卵石

工具
鑷子、澆水壺

Gardener's Note

紙莎草和彩葉芋都喜好潮濕環境，能夠以水耕栽培。為讓細長的根莖有安全感，選用了開口小、下方較寬廣的玻璃盆。使用透明的容器時，除了植物本身，土壤、石頭也是觀賞的重點。因整體的色調相近，所以石頭選擇多種亮度，做出波浪層次感，增添設計趣味。焦點之一的鵝卵石除了擔任穩固植物的角色，圓滑的外型也同時帶出可愛的感覺。澆水時請小心留意水壓，以免過強的水壓，導致石頭位移。

How to Make

1　用手略壓植物的外盆，讓土和盆分離之後，一手抓盆，另一手抓植物的底部，將植物拉出脫盆。

TIP 根莖較弱的植物若壓得太用力，可能導致斷裂，務必小心。

2　檢查根部狀態，剪除過黑和過軟的部分。抓住植物的底部，輕輕抖掉土壤，再用清水清洗乾淨。

3　將根部完全清洗乾淨後備用。

4　將底部平坦、沒有洞的玻璃盆清洗乾淨。

5 先於底部鋪上顆粒最小的石頭，並用手壓出曲線。

6 試著將植物擺放在盆內，決定好位置，並整理樹形。

7 一手固定植物，另一手放入中顆粒的石頭，填入時注意不要破壞步驟 5 做出的曲線。

8 以中顆粒的石頭再鋪一層。

TIP 最下層的石頭以小波浪和大波浪交錯，從每個視角看上去都不盡相同。

9 放入顆粒最大的石頭，並將植物穩穩固定住。

10 最後擺上大小不同的鵝卵石，做出視覺焦點。

11 輕輕倒入水即完成。

TIP 若水柱太大太強，可能導致石頭移動，請多加留意。

照顧方式

來自熱帶國家的植物，須放置於 10 度以上的環境，並給予充分的光線，才能健康生長。水耕栽培特別要注意水量，並定期更換。盆內可能孳生細菌，因此換水同時也要將容器內部清洗乾淨。此外，水耕栽培可能會有營養不足的問題，建議定期使用水耕栽培專用的營養液來改善。

三種蕨類合植矮花盆

混合栽種繁盛的植物時，
為了展現各自的特徵，整體的協調十分重要。
此外，選擇給水、溫度等生長環境相似的植物，
種在一起才能健康成長。

材料

植物&容器
三色鳳尾蕨（紅銀鳳尾蕨）、
美人蕨、鱗毛蕨
圓形矮花盆

介質&裝飾
輕石、
觀葉植物培養土

工具
花盆墊片、鑷子、
澆水壺

Gardener's Note

這是將不同的蕨類植物種在一起的設計。進行合植時，要先考量生長環境相近的植物做組合，整個盆栽才能夠維持長久，其次再考慮植物的外型、質感、顏色的條件。

以中規中矩的植物、茂盛的植物，搭配色彩豐富的植物，結合不同的特徵，更顯設計的趣味。各自擁有不同特色的植物來到一個花盆內，就如同搭上同一條船，必須一起適應、一起生根、一起共享養分，甚至彼此的鬚根可能互相交纏。植物和人一樣，無法獨自生存，多餘的部分向外共享，不足的地方小心補足，彼此相互截長補短，才能更健康成長。

How to Make

1　將植物盆略壓，再將植株取出脫盆，檢查根部狀態，剪除腐壞的部分。如果葉片茂盛，優先拔除較老的葉片。

2　在花盆的排水孔處鋪上墊片，防止介質流失。

3　接著鋪上適當高度的輕石，做成排水層。

4　放入觀葉植物培養土，鋪至八到九分滿。

TIP 合植時建議先放土，之後再將要種下植物的地方挖開。

5　將植物種入花盆前，先大致搭配，以便設想好位置。

6　決定好花盆的正面後，將中間的土挖開，種入第一種植物。

TIP 先種高度較高的植物，作為視覺的中心軸。

7　接著在旁邊種入第二種植物，注意植株形狀，讓花盆的觀看方向更多元。

8　旋轉花盆，在空著的地方種入第三種植物，注意整體的葉片高度和飽滿感要均衡。

TIP 栽種起來可能和一開始構想不同，但只要注意植物間的距離，時時檢視整體是否協調，就沒有問題。

9 三種植物都種好後，在剩下的空間裡填土，將植物穩穩固定。

10 充分澆水，讓土壤牢固即完成。

照顧方式

蕨類喜好水分和空氣濕度高的環境。而且，蕨類是眾所皆知可以生長於陰地環境的植物，因此經常被栽種於沒有陽光的地方，不過其實蕨類也喜好陽光，在光線充足的環境下生長的蕨類，根莖結實而顏色鮮明。但若是擺放在採光充足的地方，土壤會快速乾燥，因此要多留意給水及維持濕度。

提高空氣中的濕度，
能讓蕨類葉片維持翠綠。

墨西哥鐵樹多層次陶盆

以帶有橢圓形葉片、極具魅力的墨西哥鐵樹，
搭配流暢樹形的灰綠冷水花，
兩種風格一起栽種在陶瓷花盆內，
雖然外型不同，但顏色與彩度相近，視覺上相互融合。

材料

植物&容器
墨西哥鐵樹（幸運樹）
灰綠冷水花
陶瓷花盆

介質&裝飾
輕石、
觀葉植物培養土、
鵝卵石
（各種大小）、
收尾材料
（灰色小石頭）

工具
花盆墊片、鑷子、
澆水壺

Gardener's Note

一個花盆也能有多層次的栽種，植物緊密種在一起和分散開的感覺大不相同，這個作品以墨西哥鐵樹搭配周圍的灰綠冷水花，呈現截然不同的氣氛。

由於花盆質地和植物本身都呈現柔和感，因此選用圓形的鵝卵石收尾。若羅列擺放多個大小相近的石頭，不免會有單調、人為感，所以使用大小不一的石頭，帶出層次感，並營造自然的氛圍。

進行植栽設計時，難免會遇到素材過多，不知從何下手的情況，但別忘了「simple is the best」，簡潔有力有時候才是最好的選擇。如果想要營造華麗感，與其加入各種收尾材料，不如加強設計亮點，這麼做也有助於提升作品的質感。

How to Make

1 在花盆的排水孔處先鋪上墊片，以利排水、防止介質流失。

2 略壓植物的外盆，讓土和盆分離之後，一手抓盆，另一手抓植物的底部，將植物脫盆。檢查根部狀態，剪除過黑和過軟的部分。

3 將植物放到花盆旁邊，大致測量排水層的高度，再鋪上輕石。

4 放入觀葉植物培養土，鋪至八到九分滿。

TIP 觀葉植物培養土是將基本用土加上輕石或蛭石以 7:3 的比例調配。

5　先決定墨西哥鐵樹的位置，再挖一個洞種入。

6　將灰綠冷水花分成 2-3 份。

TIP 不建議從根部開始分離，最好是先把莖整理過，由上而下分離比較好。

7　先決定最大株的灰綠冷水花的位置，再挖開土種入。

8　在其他空位種入小株的灰綠冷水花，並且讓植物自然往下垂放。

9　種好植物後，再整理好土壤。

10　充分澆水，用手略微壓實可讓土壤牢固。

11　接著在最空的地方放上大顆的鵝卵石。

12　在大鵝卵石旁邊放入小鵝卵石。

13 為避免鵝卵石呈現一直線，在後方的空位再補上一些小鵝卵石。

14 最後方的空間也補上小鵝卵石。

TIP 這裡的鵝卵石顆粒大小要和前方不同，才會顯得生動自然。

15 在剩下的空間裡，均勻放上收尾材料。墨西哥鐵樹的根部較為脆弱，放置時要稍微避開。

照顧方式

建議擺放在室內光線充足的明亮地方。兩種植物都不適合過濕的環境，土壤乾燥時再澆水即可。但由於澆水時間間隔長，容易忽略濕度，要記得定期噴霧。假如太過乾燥，可能會發生介殼蟲的蟲害，務必留意。墨西哥鐵樹通常一年會長葉一次，灰綠冷水花相對生長較快，若太過繁盛導致不成比例，就要定期修剪，維持適當的樹形。

椒草仿石矮盆

正面帶銀色珠光感，背面呈現奧妙的紅色光澤，
椒草是神秘感十足的植物，
光是單獨種植就很美，
若再搭配其他觀葉植物一起種，會更顯魅力。

材料

植物&容器
椒草、
灰綠冷水花、
網紋草
圓形 FRP 花盆

介質&裝飾
輕石、
觀葉植物培養土

工具
花盆墊片、鑷子、
澆水壺

Gardener's Note

椒草深色葉片上的銀色紋路，就如同石頭上的陰影，因此我選用以 FRP 材質製作、仿石頭質地的灰色花盆。乍看灰暗、沉重的花盆，更能讓人將視線停留在植物上。

椒草葉片背面的紅色光澤，和灰綠冷水花莖部的紅色，皆是亮點所在，加上網紋草的白色調，更顯奢華。灰綠冷水花的學名為「Pilea glauca」，莖部會往下自然垂放，所以經常以吊掛盆栽種植。灰綠冷水花的葉片小巧可愛，以匍匐形式往四周蔓延，時間久了會讓整體作品更顯生氣蓬勃。

使用低矮且開口大的花盆時，建議選擇慢慢生長後會填滿空間的植物，避免選擇會往上長高的植物。看著植物一天一天成長，也是一番樂趣！

How to Make

1　在花盆的排水孔處鋪上墊片，以利排水、防止介質流失。

2　略壓植物的外盆，讓土和盆分離之後，一手抓盆，另一手抓植物的底部，將植物拉出脫盆。檢查根部狀態，並剪除過軟和腐壞的部分。

3　將植物放到花盆旁邊，大致測量排水層的高度，再鋪入輕石。

4　放入觀葉植物培養土，鋪至八到九分滿。

TIP 觀葉植物培養土是將基本用土加上輕石或蛭石以 7:3 的比例調配。

5 將網紋草和灰綠冷水花分成一小株一小株。

TIP 不建議從根部開始分離，最好是先把莖整理過，由上而下分離比較好。

6 決定花盆的正面後，將高度最高的椒草置於中間，接著將土挖開後種入，固定好。

7 接著挖開椒草四周的土，在各處種下灰綠冷水花，將空間填滿。

8 接著挖開灰綠冷水花之間空隙的土，再種入網紋草。

9　將所有植物都種好後，在剩下的空間裡填入土，並且略微壓實，將植物固定。

10　充分澆水直到水分從底部流出，讓土壤牢固即完成。

照顧方式

這三種植物的澆水間隔時間都很長，等表面土壤完全乾燥再澆水即可。這款設計是在矮花盆內密集種植，掉在下方的落葉可能不容易看到，但椒草一旦有落葉，就要盡早去除，因為落葉乾掉後掉到土壤上，可能會發霉或引起病蟲害，務必定期檢查土壤，保持清潔與通風。

隨著植物葉子愈來愈繁盛，
灰綠冷水花不斷向外蔓延，
整盆植栽呈現出另一番魅力。

四季美景的開放房子花器

作品靈感來自以畫家莫德·路易斯為背景的電影《Maudie》。
故事中，身體不方便、活動受限制的女孩，
透過房子的窗戶看世界，並搭配自己的想像作畫。
這個植栽作品就如同女孩的畫作般，
在一幅圖中承載多個季節。

材料

植物&容器
六月雪、
小精靈空氣鳳梨、
苔蘚
四方鐵花盆

介質&裝飾
活性碳、輕石、
觀葉植物培養土、
裝飾用石頭
（各種顏色）、
收尾材料（白沙、
蛭石、灰色沙粒）

工具
鑷子、噴霧器、
剪刀

Gardener's Note

觀看以加拿大藝術家莫德・路易斯的生前故事改編的電影《Maudie》後，我對那女孩的溫暖繪畫世界深有感觸，因而創作了這個作品。一般在觀賞畫作時，會藉由分析技法或色彩來感受樂趣，但她的作品讓人看了之後不自覺地心情明朗。女孩的行動受限，她只能透過自己的記憶和想像作畫。她畫中的世界鮮明、色彩豐富，在一幅圖中可以看到路上堆積著雪、樹上滿是楓葉、草地上開著花朵，多個季節的特徵共存。

在這個作品中，我想以她的創作空間為概念，融入她的繪畫世界。六月雪代表春天，表現出青綠山丘上綻放粉紅花朵的景象；堆積的沙，就好比夏天的海邊；另一側有如冬天的雪地，白雪上堆積著各色的石頭。最後，種上盛開的小精靈空氣鳳梨，如同寒冬中綻放的生命。

How to Make

1 將花盆清洗乾淨、晾乾後，先鋪入一層活性碳。

TIP 如果花盆本身沒有排水孔，就以活性碳幫助淨水和除臭。

2 接著鋪上適當高度的輕石，作為排水層。

3 將六月雪從盆中取出，稍微抖掉多餘的土，並檢查根部狀態，剪除過軟和出現腐壞的部分。

4 在花盆中放入觀葉植物培養土到植物根部的高度。

TIP 觀葉植物培養土是將基本用土加上輕石或蛭石以 7:3 的比例調配。

5　構思整體配置，並決定六月雪的位置。思考配置時要留意，六月雪所在的坡下方一側要做夏天的海邊，另一側做冬天的雪地。

6　由於花盆屬於矮盆，須將六月雪附近的土再堆高一些，以便固定，再以噴霧器噴霧，略微壓實讓土壤固定。

7　以六月雪為中心製作成小坡後，在旁邊斜放一顆大石頭。

8　將苔蘚剪成適當大小的圓形，放到石頭旁邊，營造立體感。

TIP 乾燥狀態的苔蘚要先泡水 15-20 分鐘左右，瀝乾水分、去除異物和腐壞部分後，再行使用。

9 再剪一塊小圓形苔蘚，放到大苔蘚旁邊。

10 另剪一塊更小的苔蘚，放到後方石頭旁。

TIP 將苔蘚剪成各種不同的大小，會看起來更自然。

11 在花盆另一側空處放上形狀、顏色不一的石頭。

12 區分三種收尾材料要擺放的三個區域。最低的地方均勻鋪上白沙，只露出石頭上方，做出下雪的效果。

TIP 每個區域的收尾材料顏色不同。

13 白沙旁邊放上蛭石，做成第二區道路。

14 六月雪附近均勻放上灰色沙粒，做成第三區沙灘。

15 在白沙區的石頭縫隙處，以及另一側大石頭旁的空處，再個別放上空氣鳳梨。將整體收尾材料稍微整理，蓋上花盆蓋子即完成。

TIP 兩個空氣鳳梨放置的方向不同，更能營造自然生動的感覺。

照顧方式

這個作品使用非封閉的容器，只要擺放在陽光充足的室內，植物就能生長得很好。表層土壤乾燥時要充分澆水，讓土壤浸濕。澆水時可以用噴霧器以小水慢慢澆，避免破壞設計。六月雪生長速度偏慢，不必經常換盆。空氣鳳梨並非種在土壤中培育，只需要另外取出泡水10-20 分鐘，或經常以噴霧的方式補充水分即可。

Design Works

觀葉植物設計作品

白雪皚皚的透明盆

植物 文竹、空氣鳳梨

材料 圓形玻璃容器、活性碳、輕石、觀葉植物培養土、裝飾用石頭、小石頭（三種顏色）

這一款透明容器的植栽設計，在我的一日課程中十分受歡迎，初學者也能輕鬆上手。隔著玻璃，土和石一眼可見，從各角度都能賞玩。放入較大的裝飾用石頭以及各色小石頭，再倒入白沙，演繹出下雪的效果，石間彷彿皎白積雪，獨具魅力。以葉片飄逸的文竹演繹冬天，再適合不過。

TIP

表層土若乾燥，要充分給水。文竹喜好陽光，建議放在室內陽光充足處，冬天要維持在 10 度以上，夏天要維持在 25 度以下。

紅葉迷你庭園

植物 朱蕉、苔蘚

材料 圓形陶瓷花盆、活性碳、輕石、觀葉植物培養土、鵝卵石、蛭石

簡單俐落的陶瓷花盆，搭配暗紅色的朱蕉，呈現出現代摩登風的庭院。朱蕉和苔蘚都喜好高濕度的環境，很適合栽種在一起。種植苔蘚時，要將它形塑成向上凸的圓形，呈現出飽滿感，再搭配形狀相似的鵝卵石裝飾。整體作品以相似的外型展現沉穩的風格。

TIP

朱蕉和苔蘚喜好高濕度，因此要經常噴霧，若土壤表面乾燥，就要充分給水。如果盆器本身沒有排水孔，就澆大約盆器三分之一的水量。這個植栽較不耐寒，環境維持在 10 度以上，才能健康生長。若葉片開始變黃，隨之就會枯萎，枯萎的葉片摘除即可。

積雪的漢拏山

植物 銀葉菊、翠柏

材料 低矮的圓形花盆、活性碳、輕石、觀葉植物培養土、火山石（兩種顏色）、收尾材料（白沙）

我曾在冬天時攀上濟州島的漢拏山。幾公尺高的大樹，被雪堆得只剩下一公尺高，只能稍稍窺見些許樹頂。走在雪上的我，看上去比大樹還要高，實在很神奇。這個作品以植物的質感和顏色，呈現了當時積雪的漢拏山美景。

我盡力回想著當時所見的場景、真實接觸的感受、腳踩的每一步感覺，再把那份感動以作品呈現。灰白色的銀葉菊和翠柏用來表現漢拏山的冬天，多洞的火山石代表濟州島，雪景則以白沙模擬。白沙是經常使用的素材，但須留意若和土壤太過靠近，可能會被染色。白沙的閃亮質感，在這裡有畫龍點睛之用。

TIP

這個植栽建議擺放於陽光充足的地方。白沙的顆粒小，澆水時要以小水壓慢慢澆。由於花盆本身沒有排水孔，如果難以檢視土壤是否乾燥，可以將整個花盆拿起來感覺重量，若整體變輕就能澆水。

山與石透明盆

植物 高山蓍、苔蘚、覆地苔蘚

材料 圓形玻璃容器、活性碳、輕石、觀葉植物培養土、松皮石、火山原石、收尾材料（各種顏色顆粒）

高山蓍是在韓國、日本、俄羅斯等地山區和草原常見的野生花，具有短根狀莖，較適合種植在面積寬大的花盆裡。這個作品選擇大圓形玻璃容器，將高山蓍立於中間顯目處，再搭配各種形狀的大石頭裝飾，增添趣味。透過玻璃還能欣賞以各種顏色的收尾材料製成的彎曲弧線，從不同角度看都各有風情。

高山蓍的葉片單薄，但整株看起來繁盛，給人堅韌的感覺。觀看此作品時，如同吹拂著山間的涼風，享受著自由的暢快感。夏天時還會綻放許多小小的花朵。

TIP

高山蓍水分不足時，葉片會下垂，此時要以噴霧器給予充足的水分，讓土完全浸濕。

椒草扁圓花盆

植物 椒草、網紋草、灰綠冷水花

材料 低矮的圓形花盆、活性碳、輕石、觀葉植物培養土、紅色火山石、蛭石

同樣的植物栽種在不同樣貌的花盆裡，就會呈現出截然不同的氛圍。這個作品和「椒草仿石矮盆（P58）」相似，使用各種色調相近的觀葉植物進行合植。雖然花盆本身沒有排水孔，但只要種植澆水間隔時間長的植物，就很方便。花盆具有厚度，可以種植像灰綠冷水花一樣有匍匐莖的植物，觀賞植物一點一滴的生長和變化，別有一番趣味。花盆整體明亮，帶深色紋路，較適合暗色的植物。植物間的空隙處，還放置了和植物色彩匹配的紅色火山石裝飾，即使從上方欣賞，也不顯單調。

TIP

這些植物的給水間隔時間較長，即使土壤乾燥，也要稍等一陣子再澆水。

自由的燈心草口罩盆栽

植物 螺旋燈心草

材料 口罩、觀葉植物培養土

每天都會使用的口罩，就這麼丟棄實在有點可惜，因此嘗試了這款有趣的設計。這個作品承載了想要脫口罩的自由心情，同時向總是帶來慰藉的室內植物表示謝意。製作起來很容易，只要以口罩布面裝土、栽種就行了。燈心草有個性地彎曲生長，簡單又搶眼，不必特別準備收尾材料，單以植物就能完成作品。

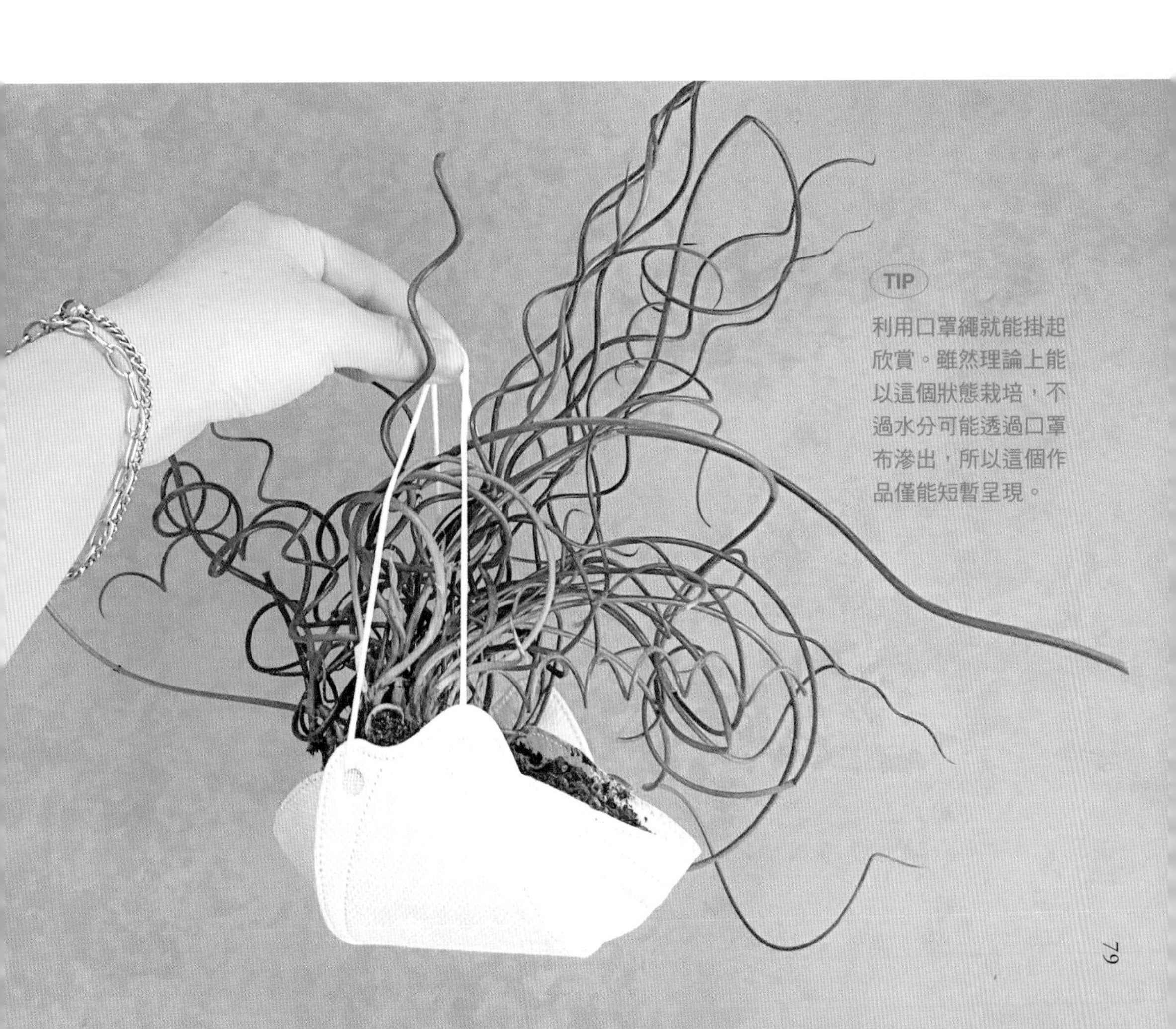

TIP

利用口罩繩就能掛起欣賞。雖然理論上能以這個狀態栽培，不過水分可能透過口罩布滲出，所以這個作品僅能短暫呈現。

夏日苔蘚森林

植物 文竹、苔蘚、覆地苔蘚、曲尾苔

材料 火山原石、蛭石、樹皮、觀葉植物培養土、玻璃飾品

因為在寒冷的冬天思念夏天，而創作了這個作品。夏季的烈陽有時候令人難耐，但夏日的翠綠與燦陽更讓人愛不釋手。這個作品傳達的是夏日大自然雨後的清新與涼爽感。在較高的地方種植文竹，較低的地方則種苔蘚，濕潤的滿地苔蘚能表現翠綠感。苔蘚上放一些玻璃飾品，在視覺上更能凸顯清新、靈動氛圍。苔蘚可以成團放置，也可以呈現彎曲的線條，表現出大自然的感覺。

TIP

這些植物喜好高濕度的環境，必須維持空氣濕度，才能長得生機盎然。若是在玻璃容器中組合，為避免設計被打亂，要透過朝內部玻璃噴霧的方式給水。

耶誕玻璃屋

植物 扁柏

材料 房屋造型透明容器、活性碳、蛭石、觀葉植物培養土、火山石（兩種顏色）、白色與灰色礫石、耶誕小飾品、小燈泡串

這個作品以透明玻璃容器呈現耶誕節氣氛。小坡上種植擁有尖銳葉片的扁柏，作為挺拔的耶誕樹，較低的地方則擺放耶誕樹飾品。裝飾用的麋鹿、小熊、北極熊等飾品，營造出濃濃的耶誕氣氛。透過玻璃牆面，可以看到分層明顯的土壤和灰色礫石，以及帶有粗獷感的火山石，裝飾用的白色礫石，則幫助營造下雪的感覺。最後再掛上閃亮亮的小燈泡串，冬天夜晚的氛圍立刻更上一層。

TIP

扁柏較適合涼爽的環境，不適合栽種在太溫暖的地方，而且喜好陽光，所以偶爾要打開蓋子、放到窗邊曬太陽。透明容器要朝內部玻璃噴霧，以此供給植物水分。

海與山透明瓶

植物 圓蓋陰石蕨、空氣鳳梨小狐尾、小精靈空氣鳳梨、苔蘚

材料 圓柱型玻璃容器、活性碳、蛭石、觀葉植物培養土、彩色小石頭（四種顏色）、松皮石、漂流木

TIP

這幾種植物皆喜好潮濕環境，因此平時蓋著蓋子也無妨，但要定期打開蓋子通風，並朝內部玻璃噴霧，供給植物水分。

疫情期間大家無法外出，人人都渴望久違的旅遊，為了消解這樣的心願，便誕生了這款蘊含大自然的透明容器設計。作品中同時容納山與海，每個角度都能欣賞不同的風景。想念山林時，可以轉向佈滿綠色苔蘚側；想念大海時，可以轉向鋪滿砂礫的海灘側。生命力強烈的圓蓋陰石蕨搭配松皮石，營造植物在大自然中純然的姿態。圓蓋陰石蕨的葉片極小，莖部曲線相當美麗，為整體設計增添活力。

＊編註：圓蓋陰石蕨購買不易，可用其他蕨類取代。

Part
2

Succulent Plant & Cactus Design
多肉植物&仙人掌組盆

多肉植物和仙人掌為了在沙漠或
地勢高的乾燥氣候地區生存，
會預先在莖、葉等處儲存大量的水分。
此外，為避免水分蒸發與動物的攻擊，
進化出以葉片衍生刺、
以毛包覆身體的方式適應環境。
一起來看看如何照顧這些植物，
以及如何透過設計讓樹形更為突出吧！

Care 多肉植物＆仙人掌的日常照顧方式

基本照顧　多肉植物是在體內儲存水分的「儲水植物」。廣義來說，仙人掌是多肉植物中的一個屬，兩者的照顧方式與生長環境相似，也使用相同的介質栽種。多肉植物大多來自高溫乾燥氣候地區，需要大量光照，也要維持空氣濕度。每種植物的生存溫度不同，接觸新植物時，建議先確認其適合的溫度。

葉片照顧　照顧多肉植物和仙人掌時，如果多肉植物的健康葉片或仙人掌的新芽掉落，就要重新種植。掉落的斷面在乾燥的陰涼處晾乾後，即可再次種入土中，長出根後就完成繁殖。多肉植物和仙人掌的繁殖力佳，能享受繁殖的樂趣。

給水重點　多肉植物和仙人掌會在內部儲藏水分，所以不必像觀葉植物一樣確認土壤乾燥狀態，透過植物本身就能確認缺水與否。判斷的依據是，觀察植物是否使用儲藏的水分以及儲水量為何。若植物出現植株本體變軟、表面有皺褶或體積變小，就是需要水分的訊號。多肉植物和仙人掌給水的間隔時間長，但每次給水時要讓土壤充分浸濕。

多肉植物在陽光強烈的夏天生長得很好，但盛夏也是最容易死去的時期。盛夏時節，陽光照射量大，但濕度高，不利於多肉植物生長。高濕度時，植物容易變軟，尤其梅雨季時要避免澆水。

多肉植物可分為「夏型種」和「冬型種」，夏型種多肉在夏天生長、冬天休眠（即停滯生長）；冬型種多肉在夏天休眠、冬天生長。種植前先確認好種類，在其休眠期不澆水，或延長給水的間隔時間，有助於讓多肉植物長得更健康。

栽種環境　多肉植物大都來自乾燥氣候地區，因此具有能夠儲存水分的特徵。由於原生地氣候乾燥、貧瘠，因此多肉植物的栽培土壤養分不多也無妨，不過要使用排水良好的介質。

Ⓐ —— 收尾材料 避免土壤飛揚、增添設計趣味。使用玻璃容器時，可以用各種顏色與質感的收尾材料堆疊，增加可看性。

Ⓑ —— 多肉仙人掌介質 砂質土壤加上輕石或蛭石，以 4:6 或 5:5 的比例混合使用。如果放置的環境不佳，可以減少土的比例。

Ⓒ —— 排水層 鋪上輕石或蛭石，製作成排水層。使用沒有排水孔的盆器時，排水層即擔任排水孔的角色。

Ⓓ —— 活性碳 盆器沒有排水孔時，發揮淨水和除臭的功能。

從蛋殼綻放的山地玫瑰

花盆的外型如同破裂的蛋殼，
讓這個作品有「從蛋生出的植物」的想像，增添不少趣味。
雞蛋山地玫瑰是夏季休眠的多肉植物，
進入冬季後，葉片會如同玫瑰一樣，一片片綻放。

材料

植物&容器
雞蛋山地玫瑰
（可網路購得）
半圓形花盆

介質&裝飾
輕石、
多肉仙人掌介質、
椰纖片、
蛋石、紅石

工具
鑷子、竹籤

Gardener's Note

這個作品將擁有可愛造形的雞蛋山地玫瑰，栽種在不規則的半圓形花盆內。葉片在夏天時緊閉，栽種時約逢秋季，已稍微打開了一些，擺放時，要考量到冬天時葉片綻放的方向，使其各自不同，或避免樹形交錯。最後鋪上椰纖片，搭配蛋石和紅石，做出彷彿鳥巢的有趣設計。

多肉植物是需要大量光照的植物，因此一般在夏天容易生長。根據生長溫度，再區分成夏型種和冬型種。雞蛋山地玫瑰為夏季休眠、冬季進行光合作用的冬型種多肉。植物進入休眠期後，會捲縮起來，儘量避免光照，從植物的特性就能感受它們盡力生長與休息的意志。

我們人類也無法事事用盡全力，有時候必須像動物一樣冬眠休息，才能在需要的時候全力以赴。如果停止成長，也不必感到憂鬱，經過時間的等待，必能再次開花。

How to Make

1　略壓植物的外盆，讓土和盆分離之後，一手抓盆，另一手抓植物的底部，將植物拉出脫盆。檢查根部狀態，並剪除過黑和過軟的部分。

2　將雞蛋山地玫瑰放到花盆旁，大略測量排水層的高度後，再鋪上適當高度的輕石。

3　接著鋪上多肉仙人掌介質，打造植物根部的伸展空間。

TIP 多肉仙人掌介質是將砂質土壤和輕石以 4:6 或 5:5 的比例調配。

4　放入雞蛋山地玫瑰，調整到適當的高度和位置。

TIP 調整樹形時，要考量日後綻放時的方向和體積。

5　調整好雞蛋山地玫瑰的樹形後，一手要固定住植物，另一手將土填入。

6　填土固定好雞蛋山地玫瑰後，上方放椰纖片，將花盆表面填滿。

7　在椰纖片上放蛋石和紅石裝飾。

8　調整椰纖片，讓椰纖片稍微露出到花盆外，整體氛圍更自然。

照顧方式

雞蛋山地玫瑰為冬型種多肉，於溫度低的冬天裡生長，進入溫度高的夏季就會開始休眠。進入休眠期後，葉片會萎縮、掉落，就如同洋蔥皮般，在這期間不必澆水，只要好好整理落葉，而當葉片開始綻放時，就是沉睡的植物甦醒的時候，必須開始澆水。葉片綻放後，還會出現花梗，開花時也要注意充分澆水，避免乾燥。

＊編註：市售的雞蛋山地玫瑰比較多是已經綻放的，含苞的可利用網購，比較容易購得。

子寶透明回收瓶

設計植栽時，也不忘關心大自然，
因此有了這款重複利用瓶子當作花盆的作品。
把葉肉厚實、有白色點點的「子寶」，
放在圓弧造型的優格瓶內，小巧又可愛。

材料

植物&容器
子寶
優格瓶

介質&裝飾
活性碳、蛭石、
多肉仙人掌介質、
裝飾用石頭、
收尾材料
（黑色細沙）

工具
鑷子、竹籤

Gardener's Note

將植物種植於小容器時，需要考量根莖和葉片的生長速度，因為如果植物生長過快，就會需要經常換盆。在多肉植物當中，子寶屬於生長較慢的植物，高度不會快速變化，主要是透過葉片緩慢增加體積，因此能長期栽種在小瓶子中。長出葉片後，可以摘下移植。

將子寶種入容器後，搭配顆粒小的收尾材料，可以凸顯葉片的紋路；此外，還使用了帶神秘紫色的石頭作為亮點。

不需要制式的容器，回收利用生活中的各式素材就能拿來種植物，只要具備讓植物生長的條件，就能稱之為「花盆」。這樣的概念轉換，既能讓植栽設計更具趣味，也能帶來更多動力。不陷入制式框架，就已是一大創作靈感。請務必嘗試看看，讓平凡而熟悉的東西脫胎換骨為特別之物，一起來感受植栽設計隱藏的樂趣吧！

How to Make

1　將容器清洗乾淨、晾乾預備。

TIP 在植物種下後不好清理，因此要先清潔內部。

2　因應容器沒有洞，所以須事先在底層鋪上一層活性碳。

TIP 如果盆器本身沒有排水孔，可以放上具有淨水和除臭功能的活性碳。

3　接著鋪上適當高度的蛭石，做成排水層。

4　將子寶和外盆分離後，檢查根部狀態，剪除過黑和過軟的部分。

5 由於容器不大，必須先決定好子寶的位置，再開始放入多肉仙人掌介質。

TIP 多肉仙人掌介質是將砂質土壤和輕石以 4:6 或 5:5 的比例調配。

6 用竹籤輔助，邊戳邊讓土壤進入根部之間的空隙處。

7 在子寶旁邊放上裝飾用石頭。

8 最後均勻放上黑色細沙收尾，並將表面整平。

照顧方式

因為植物種在小容器內，採用少量澆水的方式較佳。容器的開口小，表層又有收尾材料，緩緩澆入少量的水時，土會慢慢吸收水分。子寶的葉片上若有水，可能會導致葉片腐爛，因此若有水珠，請以衛生紙拭乾。

杯子、盤子、一次性塑膠容器等，
只要能打造成生長環境，
任何東西都能當作植物的家。

一枝獨秀的珊瑚大戟陶盆

珊瑚大戟擁有獨特的外型，
雖給人單薄的印象，但其實它比想像中的還要結實。
這個作品將珊瑚大戟種植於低矮的陶土盆中，
搭配粗糙的收尾材料，能當作設計亮點，
當珊瑚大戟長大時，也能提供支撐的功能。

材料

植物&容器
珊瑚大戟
寬口圓形陶土盆

介質&裝飾
輕石、
多肉仙人掌介質、
松皮石
（兩種大小）、
收尾材料（亮色
小顆粒、蛭石）

工具
鑷子、竹籤、
花盆墊片

Gardener's Note

珊瑚大戟是擁有魅力樹形的植物，它不會只往上生長，而是隨著陽光的方向旋轉生長。栽培時可以將花盆不時轉換方向，享受調整樹形的樂趣。擁有如此獨特性的植物，相較於華麗的空間，更適合在簡單空間中創造存在感。

珊瑚大戟進入冬季休眠期後，葉片會開始掉落，而春天到來時，會再次長出葉片及開花。當我們伴隨著植物的變化時，彷彿自己就是植物成長路上的最佳夥伴。

How to Make

1　在花盆的排水孔處鋪上墊片，以利排水、防止介質流失。

2　將珊瑚大戟脫盆後，檢查根部狀態，並剪除過黑和過軟的部分。

3　將珊瑚大戟放在花盆旁邊，大略測量排水層的高度後，鋪上適當高度的輕石。

4　接著鋪上多肉仙人掌介質，打造植物根部的伸展空間。

TIP 多肉仙人掌介質是將砂質土壤和輕石以 4:6 或 5:5 的比例調配。

5 放入珊瑚大戟，調整樹形後，一手固定植物，另一手填入土。

TIP 將珊瑚大戟傾向一側，預留裝飾石頭放置的空間。

6 種入植物、整理好表面後，在空處放兩個大小不同的松皮石。如果植物有較不穩固的部分，可以利用石頭作支撐。

TIP 讓石頭高度不一，看起來更自然。

7 鋪上亮色小顆粒的收尾材料，並使用竹籤輔助，將石頭縫隙也放滿，並壓實土壤。

TIP 使用亮色小顆粒的材料可以凸顯松皮石的質感。

8 最後放上蛭石，做出亮點。

照顧方式

珊瑚大戟喜好陽光，莖會朝向陽光生長，栽種時要放在有陽光的地方，並不時轉換花盆方向，這麼一來便能享受調整樹形的樂趣。如果陽光不充足，或是太常澆水，會導致根部末端過尖、過長。此外，澆水前要先確認它們是否需要水分，若莖部變皺或植物變軟，就是需要給水的徵兆。珊瑚大戟為冬季休眠的植物，這時期澆水的間隔時間要再拉長，或暫時不澆水。由於它生長於乾燥氣候，對抗濕度能力較弱，要注意避免過濕，也儘量不要直接噴霧。

珊瑚大戟的樹形瘦長，
外型如同海中的珊瑚，
因此又稱作珊瑚草。
而其粗度如同鉛筆，
所以也被稱作鉛筆仙人掌。

捲葉毬蘭的紙盒再利用

收到漂亮的護手霜禮盒，就想到利用盒子來栽種植物，
堅固的紙盒加上防水塑膠片，當作花盆使用毫無問題。
捲葉毬蘭的葉片呈捲曲狀，外型十分特別，
將一株沿著石頭生長，另一株朝外側擺放，做出不同的趣味。

材料

植物&容器
捲葉毬蘭
（可用毬蘭替代）
紙盒

介質&裝飾
活性碳、輕石、
多肉仙人掌介質、
火山石、
收尾材料（黑色細沙、灰色小石頭）

工具
塑膠片、膠帶、
剪刀、鑷子、竹籤

Gardener's Note

如果打破植物一定要種在花盆內的固有觀念，就能擁有找尋各種素材的眼光。利用原先要丟棄的資源，說不定能嘗試各種不同的獨特設計，如同這個作品，便是將捲葉毬蘭栽種於原本作為禮盒的紙盒內。

我做植栽設計工作的最大動力之一，或許就是享受打破內心界線的喜悅。透過課堂，我和大家分享自己的快樂、創意和祕訣，並帶領大家一起享受植物的陪伴。

我也有很多不懂的植物，也有很多需要學習的地方，但遊走各地發現新植物、找尋心儀的石頭、製作喜歡的作品，都讓我興奮不已。打造自己的品牌、和大家一起成長，就是我打破自我的方式。或許因為如此，讓我更加渴望做出新穎的設計，尤其享受使用新素材栽種植物的樂趣！

How to Make

1　首先將塑膠片裁成適當大小，鋪在紙盒內，再以膠帶固定，做成防水層。

2　將捲葉毬蘭脫盆後，檢查根部狀態，並剪除過黑和過軟的部分。

TIP 把捲葉毬蘭分離成兩株。

3　先均勻鋪上一層活性碳。

TIP 如果盆器本身沒有排水孔，可以鋪上具有淨水和除臭功能的活性碳。

4　接著鋪上適當高度的輕石，做成排水層。

5 決定好捲葉毬蘭的位置，並調整樹形。

TIP 一株直放，另一株稍微往外傾斜，做出自然的感覺。

6 在剩下的空間裡均勻鋪上多肉仙人掌介質。利用竹籤輔助處理，一邊把土壓實。

TIP 多肉仙人掌介質是將砂質土壤和輕石以 4:6 或 5:5 的比例調配。

7 在捲葉毬蘭前後的空處放上不同形狀的火山石。

8 鋪上和盒子顏色相近的黑色收尾材料，再撒一些灰色收尾材料，做出不同層次。

TIP 收尾材料選用相似的顏色，能以色彩統一視覺，又不顯得單調。

照顧方式

捲葉毬蘭的葉片生長時有捲曲的特性，且具攀爬性，所以也常以吊盆方式栽培。頗有厚度的葉片會儲藏水分，因此不必經常澆水，照顧起來相對容易。不過，考量到它們喜好高濕度的環境，若觀察到表面土壤乾燥，就要進行澆水。捲葉毬蘭原本生長於溫暖潮濕的環境，因此不太耐寒，冬天時要避免放置於 10 度以下的環境。光照不足時難以開花，但若光照足夠，會開出淡粉紅色、如繡球般的大花朵。

＊編註：捲葉毬蘭的售價高，且不易覓得，可用毬蘭替代。

仙人掌的擬真荷包蛋設計

有一天看著平底鍋裡的煎蛋時，
忽然有了這個作品的創作靈感。
以金晃丸表現金黃色的圓形蛋黃，
搭配白色細粒收尾材料，做出蛋白的感覺。

材料

植物&容器
金晃丸
小平底鍋

介質&裝飾
黏質土、
收尾材料（白沙）

工具
鑷子、毛筆

Gardener's Note

進行植栽設計時，有時候從無到有，要苦思許久，有時候靈光乍現，一下子就能實踐想法。需要想像力的工作，偶爾會覺得極其辛苦，但完成作品後，總是讓人期待下一個作品。我將腦海中的想法以實體創作完成時，總會雀躍不已，若作品被大家喜愛，更是讓人興奮。這款平底鍋設計就是這樣的作品。

世界上所有的設計，技術部分固然重要，但藝術部分同樣不可或缺。我相信自己要長久、開心地持續這份工作，必須靠藝術的技能。大家對美的定義各不相同，追求的設計也各自迥異。我自由創造，並和大家分享我的設計，不也是一種藝術嗎？最重要的是，這對我來說是一件很有趣的事。能夠帶領大家一起輕鬆、開心地享受園藝，是我最大的心願，因此我的工作室也取名為「庭園遊藝」。

How to Make

1　略壓植物的外盆，讓土和盆分離之後，一手抓盆，另一手抓植物的底部，將植物拉出脫盆。檢查根部狀態，並剪除過黑和過軟的部分。

2　將黏質土和水以 2:1 的比例混合，攪拌至有黏性。

TIP 黏質土加水攪拌會產生黏性，水分乾掉後會變硬。

3　在平底鍋上確認金晃丸的位置。

4　先放上有黏性的黏質土，再放上金晃丸固定。

5　在金晃丸旁邊鋪上白色的收尾材料，形塑成有曲線的圓形。

6　以毛筆等刷子整理收尾材料四周即完成。

照顧方式

金晃丸是需要大量光照的仙人掌，建議放置於陽光充足處。這個設計是以黏質土將植物固定於平底鍋上，要特別留意水分，避免過乾。澆水時可以用噴霧到介質的方式進行，讓土壤慢慢濕潤。澆完水後，可以利用毛筆或其他刷子整理變凌亂的收尾材料。

植物不一定要栽種在制式的花盆內，
用生活中的日常用品，
也能讓植物變身為特別的設計。

心形多肉紅酒杯

我一直想將心形多肉植物設計得更討喜一些，
這個作品滿足了我的期待。
將各種顏色的收尾材料放進紅酒杯內，
從杯外不同角度都能欣賞，
搭配正紅色的石頭，表現出浪漫的感覺。

材料

植物&容器
少將
紅酒杯

介質&裝飾
活性碳、蛭石、
多肉仙人掌介質、
收尾材料（白色、土色、黑色細沙）、
紅色火山石（有大有小）、黑色火山石

工具
鑷子、毛筆、竹籤

Gardener's Note

少將有著圓圓的愛心外型，又被稱作「愛心多肉」。原本費盡心思要種在適合的花盆內，後來收到外型獨特的紅酒杯，因此有了這個靈感。我腦海中想像著將少將種在紅酒杯的模樣，一邊完成了這個設計。就像人與人之間會自己配對，或許植物和花盆也是如此吧！植物和花盆配對，更顯可愛。

不同顏色的收尾材料在杯子內層層堆疊，從側面也能欣賞。最上方搭配紅色大火山石和白色細沙，做出視覺亮點，並以小紅色火山石點綴於大火山石和收尾材料之間，大小不同的視覺焦點共存，更能表現生動感。

How to Make

1　略壓植物的外盆，讓土和盆分離之後，一手抓盆，另一手抓植物的底部，將植物拉出脫盆。檢查根部狀態，並剪除過黑和過軟的部分。

2　將容器洗淨、瀝乾後，先均勻鋪上一層活性碳。

TIP 如果盆器本身沒有排水孔，可以鋪上具有淨水和除臭功能的活性碳。

3　再鋪上蛭石，作為排水層。

TIP 排水層也能以輕石製作。由於內部會被清楚看見，因此選用灰塵較少、顆粒較小的蛭石。

4　最後鋪上多肉仙人掌介質，打造植物根部的伸展空間。

TIP 多肉仙人掌介質是將砂質土壤和輕石以 4:6 或 5:5 的比例調配。

5 將少將放到喜歡的位置，再放入適量的多肉仙人掌介質固定。

TIP 放入土和收尾材料後，用衛生紙或毛筆擦拭容器內部，避免留下灰塵和指紋。

6 從容器邊緣慢慢地放入白色收尾材料。

TIP 要放到縫隙時，可以將紙捲成漏斗狀輔助使用。

7 接著從容器邊緣慢慢地用灰色收尾材料堆疊。

8 上面再鋪上一層黑色收尾材料。

TIP 可以透過收尾材料的量，調整每一層的厚度。

9 最後一層放入對比顏色的白色收尾材料。

10 在空處先放大紅色火山石，然後在旁邊放小紅色火山石點綴。

11 最後放上黑色火山石裝飾。

TIP 黑色火山石要挑選比大紅色火山石還要小的尺寸。

照顧方式

多肉植物是需要大量光照的植物。除了留意光照充足外，若放置於室內，要注意避免溫度過高，以及通風是否良好。植物表面如果出現皺褶，就表示需要給水，請以噴霧的方式朝容器內側表面噴灑，讓土壤慢慢浸濕。澆水後再小心用衛生紙擦拭，避免留下水痕。

海邊石縫的丸葉姬秋麗

這個設計以如同海底地形的水盤，
搭配樹形堅挺且具有個性的丸葉姬秋麗呈現。
將植物栽種於石頭縫，使其沿著石頭生長，
即使是小容器和小植物，
只要做出亮點，就能完成有趣的作品。

材料

植物&容器
丸葉姬秋麗
陶瓷水盤

介質&裝飾
活性碳、蛭石、
多肉仙人掌介質、
火山原石、
收尾材料
（粗粒、細粒）

工具
鑷子

Gardener's Note

看著生長在海邊石縫旁、吹著強烈海風生長的植物，總讓人不自覺為它應援。

這個作品以石頭山為概念，用火山原石呈現海邊的大石頭，並以丸葉姬秋麗的樹形表現頑強的生命力。多肉植物過一段時間後，莖部木質化的過程，會讓莖部更為堅實。

植物承受著風的吹拂，會更加深根部的強壯性，日後即使面對更強的風，也能擁有支撐的力量。人似乎也是如此，當我們歷經了一些試煉後，會變得更加堅強，成為更強大的自己。如果擁有戰勝的經驗，我們將能有阻擋更大風暴的勇氣。遇上困難時，就想一下在石縫間堅強生長的植物吧！試煉終將過去，我們會鍛鍊出更強韌的內心！

How to Make

1 略壓植物的外盆，讓土和盆分離之後，一手抓盆，另一手抓植物的底部，將植物拉出脫盆。檢查根部狀態，並剪除過黑和過軟的部分。

2 將容器洗淨、瀝乾後，先均勻鋪上一層活性碳。

TIP 如果盆器本身沒有排水孔，可以放上具有淨水和除臭功能的活性碳。

3 再鋪上蛭石，作為排水層。

4 決定丸葉姬秋麗的位置後，繼續鋪入多肉仙人掌介質固定。

TIP 容器較矮，用手直接把土壓緊實。

5　放上火山原石，將丸葉姬秋麗倚靠在石頭上。利用蛭石，將石頭和植物固定好。

TIP 由於容器不深，且植物的莖較長，因此以石頭作為支撐和亮點。

6　將粗粒收尾材料放入，約佔 1/2 空間。

TIP 請一邊思考細粒收尾材料的位置。

7　剩下的空間裡放細粒收尾材料。

8　最後自然地撒上幾顆蛭石。

照顧方式

建議放置於陽光充足的室內空間。丸葉姬秋麗會暫存許多水分，因此不必經常澆水，澆水後要注意通風，讓土壤乾燥。冬天的澆水次數必須減少，當介質完全乾燥後再充分澆水即可。丸葉姬秋麗最多生長到 15 公分左右，莖部會木質化，形成更強壯的支撐，最下方的葉片會最先掉落，落葉乾燥後要摘除，上方長出新葉片後就會長高。春天溫度升高後，則會開出白色花朵。

穿梭石縫間的華麗孔雀丸

這款個性滿點的設計，
以鮮豔的藍色花盆搭配凹凸尖銳的咕咾石，
以及華麗樹形的孔雀丸呈現。
花盆顏色十分亮眼，因此選擇灰色石頭，
石頭和植物都是粗糙質感，並且帶著自由奔放的氣息。

材料

植物&容器
孔雀丸
藍色陶瓷花盆

介質&裝飾
輕石、
多肉仙人掌介質、
咕咾石、
收尾材料（亮色細粒、深色粗粒）

工具
花盆墊片、鑷子、
竹籤

Gardener's Note

看到大而多洞的咕咾石，自然聯想起在石頭間生長的植物，以及其強悍的生命力。這個作品中的孔雀丸莖長，會交錯於石頭間，也會從縫隙往上生長，呈現出多樣的面貌。

孔雀丸會朝四處生長，因此又有「美杜莎仙人掌」的稱號。建議栽種於有高度的花盆，讓孔雀丸往下生長。整理樹形時，要稍微拉開距離，避免呈現散亂的感覺，讓莖的距離不過近也不過遠，找到適當的平衡感是其關鍵。

植物一開始栽種時的樣貌很重要，不過最好也能考量日後生長的狀況而調整樹形。花盆不過小、位置不交錯、不互相影響等等，都需要多留意。植物若種得太近，生長時勢必會相互阻礙，更可能產生不良影響。我認為人與人之間同樣如此。朋友、家人、同事間若太緊密依賴，勢必產生矛盾，彼此之間保留適當距離，才能擁有更自在的空間。

How to Make

1 在花盆的排水孔處鋪上墊片，以利排水、防止介質流失。

2 略壓植物的外盆，讓土和盆分離之後，一手抓盆，另一手抓植物的底部，將植物拉出脫盆。檢查根部狀態，並剪除過黑和過軟的部分。

3 將孔雀丸放到花盆旁邊，大略測量排水層的高度。

4 接著鋪上適當高度的輕石，作為排水層。

5 鋪上適當高度的多肉仙人掌介質，打造植物根部的伸展空間。

TIP 多肉仙人掌介質是將砂質土壤和輕石以 4:6 或 5:5 的比例調配。

6 調整孔雀丸的樹形，並放入花盆內，再以多肉仙人掌介質固定。

TIP 擺放孔雀丸時要一邊思考咕咾石的放置位置，拿取時要小心刺。

7 在空處放置咕咾石。

8 如果咕咾石上有能通過的洞，可將孔雀丸的莖穿過去。

9 將部分的莖靠在咕咾石上，調整成自然往下延展的樹形。調整後再以竹籤將土壤壓實。

10 在上方鋪滿亮色細粒收尾材料。

11 以竹籤將縫隙也填滿收尾材料，並將整體壓實。石頭部分自然呈現即可。

12 最後撒上深色粗粒收尾材料，讓整體更有層次。

照顧方式

孔雀丸適合生長在排水良好的日照充足處，注意避免過濕，且溫度要維持在 10 度以上。孔雀丸的莖若有傷口，會流出白色汁液，可能對人體有害，注意避免碰觸。

侏儸紀多肉合植世界

我以「恐龍生長的地方應該長這樣吧！」的想法創作，
在長形花盆內混合栽種了多肉植物和仙人掌。
進行植栽設計時，靈感除了源自大自然風貌，
加上自己的故事或想像，能讓作品更生動、引人入勝。

材料

植物&容器
縮玉、布紋球、
紅背椒草、荒波、
石頭玉
長方形花盆

介質&裝飾
輕石、
多肉仙人掌介質、
火山原石、
收尾材料（黑沙）

工具
花盆墊片、鑷子、
竹籤、毛筆

Gardener's Note

看著圓圓可愛、尖而有刺等各種外型的仙人掌和多肉植物，總讓人想起侏儸紀時代。作品有時候是以自己的真實經驗創作，也有些是以想像刻畫出來。挑選植物組合、具體做出自己的想像和氛圍，讓人有創造未知世界的刺激感。

長方形花盆內羅列植物與石頭，乍看可能有些單調。不過這個作品運用了五種造型的植物，搭配各式素材，看起來非常豐富，且各處擺上外型如石頭、紋理奇特的石頭玉，增添色彩。收尾材料配合花盆選用深色，凸顯植物原本的顏色。

How to Make

1　在花盆的排水孔處鋪上墊片，以利排水、防止介質流失。

2　略壓植物的外盆，讓土和盆分離之後，一手抓盆，另一手抓植物的底部，將植物拉出脫盆。檢查根部狀態，並剪除過黑和過軟的部分。

3　將根部最大的植物（縮玉）放到花盆旁邊，大略測量一下排水層的高度。

4　接著鋪上適當高度的輕石，作為排水層。

5 鋪上適當高度的多肉仙人掌介質，打造植物根部的伸展空間。

TIP 多肉仙人掌介質是將砂質土壤和輕石以 4:6 或 5:5 的比例調配。

6 思考各個植物和石頭的配置，決定大致的位置。

7 在花盆角落放上紅背椒草，取好適當的高度後先種入土裡。

8 在紅背椒草旁邊放上火山原石。

9　在火山原石旁邊放上布紋球，決定方向後種入土中。

TIP 讓植物的方向和角度稍有不同，整體看起來會更加豐富。

10　在花盆的另一側角落種縮玉。

11　在縮玉旁邊放一顆火山原石，凸顯其凹凸不平的部分。

12　在火山原石旁邊種荒波。

TIP 植物可以稍微突出花盆，植物的方向和角度可以自行決定。

13 以鏟子放入一些多肉仙人掌介質，讓底面高度一致。

14 在空處栽種兩棵石頭玉。石頭玉的根很淺，栽種時先挖洞，種好後再覆上適量的土固定。

15 在後方的空處再種一棵石頭玉。

TIP 在空間種小植物當亮點時，個數相異較能呈現出自然的感覺。

16 旋轉花盆，在角落或石頭間均勻種下數棵石頭玉，作為亮點。

17 在沒有植物和石頭的空處放入黑沙收尾。

18 以竹籤戳壓植物底部，讓黑沙能滲入得更均勻。

TIP 完成後可以用毛筆等刷子擦拭植物上的塵土。

照顧方式

因為使用顆粒小的收尾材料，所以建議慢慢澆水。多肉植物和仙人掌一般的給水間隔時間都較長，但根據植物的大小會有所差異，擺放時可以將需水量相同的植物放在一起，管理起來會較為方便。觀察介質是否完全乾燥，是植物需要補水的訊號。

多肉&仙人掌迷你花園

在圓形玻璃盆內，打造一個閃亮的世界。
帶著白色細毛的仙人掌、有白點紋路的仙人掌……
運用具白色元素的植物，和白色調的收尾材料，
刻畫出整體一致的感覺。

材料

植物&容器
老樂仙人掌、
般若仙人掌、
姬紅小松、
紫太陽、
圓形玻璃容器

介質&裝飾
活性碳、輕石、
小石頭（褐色、
灰白色）、白沙、
多肉仙人掌介質、
咕咾石、蛭石

工具
鑷子、竹籤、毛筆

Gardener's Note

打造玻璃容器內的小世界時，能享受各種大小、形態、色彩的植物帶來的視覺饗宴。容器內搭配多種植物時，必須考量大小與生長速度。擺放時讓植物的方向稍微不同，更能呈現出自然的感覺。

生長於石縫間的植物、沿著地面生長的植物、在狹小空間生長的植物等，我參考了各種植物的樣貌，以各種方式栽種。多樣的植物和咕咾石、白沙，散發出神祕的感覺。收尾時要避免使用太過跳色的材料，並以點綴的方式擺放，做出亮點，同時避免人為的感覺。

初次見到這項作品時，會讚嘆整體的顏色和質感，仔細觀看，或許還會發現植物演繹出的不同趣味。

How to Make

1　略壓植物的外盆，讓土和盆分離之後，一手抓盆，另一手抓植物的底部，將植物拉出脫盆。檢查根部狀態，並剪除過黑和過軟的部分。

2　將容器洗淨、拭乾後，先均勻鋪上一層活性碳。

TIP 如果盆器本身沒有排水孔，可以放上具有淨水和除臭功能的活性碳。

3　接著鋪上適當高度的輕石，作為排水層。

4　在玻璃內側放褐色石頭，擺放的時候要考量從外側看的弧線。

5　在中間先鋪入一層厚厚的多肉仙人掌介質。

TIP 多肉仙人掌介質是將砂質土壤和輕石以 4:6 或 5:5 的比例調配。

6　先決定高度最高的老樂仙人掌的位置，並栽種進去。若容器開口小，可用鑷子輔助。

7　然後在老樂仙人掌旁邊放一顆咕咾石。

8　在咕咾石旁邊種下一株較大的般若仙人掌，傾斜方向要和老樂仙人掌稍微不同。

9 在般若仙人掌的對面位置，將姬紅小松種於靠近玻璃處。

TIP 這時候須一邊思考要放在姬紅小松旁邊的石頭的位置。

10 在老樂仙人掌和姬紅小松中間放置一顆咕咾石，如此能讓兩株植物更有支撐力。

11 從玻璃外側確認排列情形，在般若仙人掌旁邊的空處種一株小的般若仙人掌。

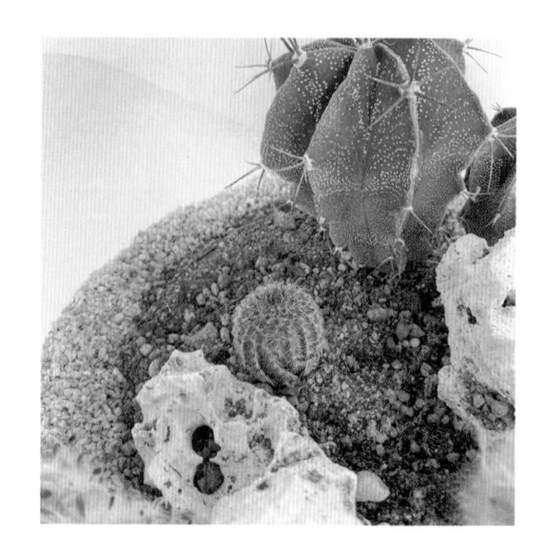

12 將尺寸最小的紫太陽種在大咕咾石旁邊，並留意紫太陽的方向。

TIP 種的時候要從不同角度觀看，確認從外側看時不會被擋住。

13 在容器內均勻鋪上白沙。

14 在般若仙人掌和咕咾石附近撒上褐色石頭，讓層次感更好。

15 在擁有小葉片及白色毛的姬紅小松附近，撒上白沙和灰白色石頭，作為另一亮點。

TIP 明亮的石頭適合作為裝飾亮點。

16 最後在紫太陽附近撒上少許蛭石即完成。

照顧方式

建議放置在光照適當、通風良好的室內空間。空氣中濕度過高時，多肉植物和仙人掌可能會變軟，因此要保持空氣乾燥。而當植株體積變小或介質變得乾燥，就代表需要澆水。栽種於無排水孔的玻璃容器時，適合直接對玻璃內側噴霧，讓水慢慢滲入植株中。

有高度差的多肉組盆

這個作品以莖部木質化、向上生長的夕映，
和沿著地面橫向生長的冰晶花，
高度差異大的兩種植物一起栽種呈現。
冰晶花擔任填滿下方的角色，
搭配上方蜿蜒生長的夕映，演繹出長久共存的感覺。

材料

植物&容器
夕映、冰晶花
矮圓形花盆

介質&裝飾
輕石、
多肉仙人掌介質、
火山原石、
蛭石、蛋石

工具
花盆墊片、鑷子、
竹籤

Gardener's Note

有天在農場角落看到「冰晶花」這款多肉植物，讓我一眼就愛上了。冰晶花會密實地橫向伸展，於春天來臨時綻放漂亮的花朵。水分充足時，會呈現堅實可愛的模樣；水分不足時，看起來十分無力，讓人心生憐憫，是我最愛的植物之一。

冰晶花具有高度矮、面積寬廣的特性，在國外經常被用於覆蓋屋頂或地面。這個設計運用了這樣的特徵，在寬廣的花盆平面種植冰晶花，表現出田野的樣貌。葉片末端尖、身形較高的夕映，放置在粗糙的火山原石旁，感覺沉穩的冰晶花四周，則以簡單的蛋石點綴，盆內空白處再以蛭石覆蓋，組合簡單卻毫不單調。

How to Make

1 在花盆的排水孔處鋪上墊片，以利排水、防止介質流失。

2 略壓植物的外盆，讓土和盆分離之後，一手抓盆，另一手抓植物的底部，將植物拉出脫盆。檢查根部狀態，並剪除過黑和過軟的部分。

3 將夕映放到花盆旁邊，大略測量排水層的高度，再鋪上適當高度的輕石。

4 放入多肉仙人掌介質，先鋪至八到九分滿。

TIP 多肉仙人掌介質是將砂質土壤和輕石以 4:6 或 5:5 的比例調配。

5　決定夕映的位置，把土挖開種入，再以竹籤邊戳邊壓實。

TIP 思考夕映的位置時，要同時考量種植冰晶花的空間。

6　在夕映旁邊種冰晶花，再以竹籤邊戳邊壓實。

7　再均勻鋪上適量的蛭石。

8　在夕映下方空處放大火山原石。

9 在大火山原石旁邊接續擺放小火山原石。

10 在空處放上大小不一的蛋石。最後檢視整體，適度放上石頭裝飾即完成。

TIP 蛋石選用不同的大小，只要幾顆就能提升裝飾效果。

照顧方式

夕映是方便照顧的冬型種多肉，若大量光照，葉片末端的紅色紋路會變鮮明。冰晶花是十分耐寒的多肉植物，往橫向生長。隨著植物生長，可以將收尾材料移開。冰晶花若過濕會變軟，要避免經常澆水，當植物呈現無力狀態時，再充分澆水即可。在潮濕的夏天要再拉長澆水的間隔時間，避免造成濕度過高的環境。

運用相框的多肉設計

利用相框內的空間，就能打造一個小庭院！
若植物太大，會卡在框內；若成長太快，很快就需要移盆，
因此選擇適當的植物十分重要。
我選用五十鈴玉和海龜串椒草，
完成這個能長久欣賞的相框作品。

材料

植物&容器
五十鈴玉、
海龜串椒草
具深度的相框

介質&裝飾
活性碳、輕石、
多肉仙人掌介質、
火山原石、
收尾材料
（暗色小石頭）、
樹皮

工具
塑膠片、剪刀、膠
帶、鑷子、竹籤

Gardener's Note

這個作品以具深度的相框製作，雖說會搭配防水塑膠片，但木框仍不適合浸水，因此選擇不必常澆水的植物為佳。此外，選擇生長速度相對較慢的植物，能讓作品有更長的欣賞期。因為相框深度較淺，比起筆直往上生長的樹形，比較適合橫向伸展的樹形。

以大石頭做出地形，讓植物沿著稜線生長，能打造獨有的魅力和形態。收尾材料搭配相框的顏色，選用暗色系，再放入樹皮，表現出豐富的地形質感和色澤。

當「選擇」沒有正確答案時，就代表自己得獨自走上這條道路。選出自己喜歡的石頭，是作品的第一步，如果不滿意，可以改變放置的位置，或選擇其他尺寸。不斷尋找與嘗試，一定能找到自己的品味。

How to Make

1　準備相框和塑膠片。將塑膠片裁成適當的大小，鋪在相框內，並以膠帶固定，做防水處理。

2　略壓植物的外盆，讓土和盆分離之後，一手抓盆，另一手抓植物的底部，將植物拉出脫盆。檢查根部狀態，並剪除過黑和過軟的部分。

TIP 把拉出來的植物分離成一株一株。

3　在底部均勻鋪上活性碳。

TIP 如果盆器本身沒有排水孔，可以放上具有淨水和除臭功能的活性碳。

4　接著鋪上適當高度的輕石，作為排水層。

5　再鋪上適當高度的多肉仙人掌介質，打造植物根部的伸展空間。

TIP 多肉仙人掌介質是將砂質土壤和輕石以 4:6 或 5:5 的比例調配。

6　一側角落放上大火山原石，再於旁邊種海龜串椒草，將莖放到石頭上，做出自然的感覺。

7　另一側放上較矮、較長的火山原石，並種海龜串椒草。

TIP 將海龜串椒草放到石頭上，能做出自然流瀉的感覺。

8　在長火山原石的末端空處，種入五十鈴玉。

9 在相框另一側角落的空處種入五十鈴玉。

10 在五十鈴玉後方放小火山原石。

11 後側角落空處以同樣的方式放火山原石，種入五十鈴玉。

12 以剪刀剪除海龜串椒草過於茂盛的部分。

13 在前面空處放上適當大小的火山原石，並種海龜串椒草。觀察整體是否有太空的地方，若有就放石頭裝飾。

14 完成後均勻鋪上暗色收尾材料，固定石頭和植物。以竹籤輔助，將收尾材料放入縫隙，並壓實。

15 在整體呈現黑色氛圍的相框內擺放樹皮，做出不同的視覺效果。

照顧方式

多肉植物建議放置於陽光充足的地方。這個作品栽種於淺而寬的相框，因此每個植物的澆水時機不同也無妨。由於相框沒有排水孔，因此不用澆太多水，只要讓植物根部附近的土壤浸溼即可。海龜串椒草若健康生長就會逐漸變長，可以適度修剪。

Design Works

多肉植物&仙人掌設計作品

約書亞樹國家公園

植物 八千代

材料 低矮圓花盆、活性碳、輕石、多肉仙人掌介質、木紋石、各式素材

我曾去過美國加利福尼亞的約書亞樹國家公園。雖然那裡是沙漠，但和我想像中的沙漠不一樣，感覺就像是一片無止盡的沙灘。那裡的沙漠有古怪而巨大的岩石、挺拔的樹木，讓我有了不同的靈感，更不自覺讚嘆「這就是大自然啊！」

第一次見到八千代時，我就想起了約書亞樹國家公園裡的樹木，因為覺得以這個帶有異國風的植物表現沙漠應該很有趣，所以創作了這個作品。約書亞樹國家公園是個知名的觀賞流星雨之地，實際上夜晚來到這裡，滿天星星的景色確實讓人印象深刻。我挑選的花盆紋路，就彷彿綴滿星星的夜空，以暗色搭配白色和黃色，底部呈現不規則，顏色協調統一。此外，以花束般的素材裝飾，更帶出沙漠的乾燥氛圍。

TIP

八千代為不耐濕、不用經常澆水的多肉植物。當植物的莖有皺皺的感覺，或摸起來感覺變軟時，再充分澆水即可。由於種在矮且寬的花盆，因此澆水時要讓植物根部所在的土壤位置充分浸溼，並且放置於通風良好的地方。

龍骨仙人掌陶盆

植物 龍骨仙人掌

材料 陶瓷花盆、活性碳、輕石、多肉仙人掌介質、木紋石（三種大小）

尖銳造型的仙人掌並不適合搭配粗糙質感的容器。龍骨仙人掌就有尖銳的刺，不過莖部的質感光滑、有黃色紋路，帶有大理石的感覺，所以搭配素雅、溫潤的陶瓷花盆十分合適。另外選用了紋路和龍骨仙人掌紋路相似、顏色和花盆相近的木紋石作為裝飾。以石頭作為收尾材料時，必須固定好石頭，讓石頭間相互支撐，以免出現移動或倒塌。

TIP

若以石頭作為收尾材料，可以避免澆水時土壤溢出。澆水後要放置於通風良好的地方，避免環境過濕。

孔雀丸方形陶盆

植物 孔雀丸

材料 方形陶瓷花盆、花盆墊片、輕石、多肉仙人掌介質、火山原石、收尾材料（深色石頭）

這個設計是在直角花盆中間打造一個突起的地帶，用來種植向上生長的多肉植物。凹凸不平的火山原石用來表現傾斜的石頭山，同時傳達出攀登山頂既辛苦又讓人著迷的感覺。觀賞時會感受到山勢從中間向四面展開，植物則向上伸展。植物相較於花盆來說較小，但花盆各處皆有亮點，不會顯得單調。

TIP

放置在陽光充足、通風良好的地方，並且保持乾燥。當孔雀丸的莖有皺皺的感覺，或摸起來變軟時，就要充分澆水。

海洋中的受困鯊魚

植物 四海波

材料 塑膠花盆、花盆墊片、輕石、多肉仙人掌介質、收尾材料（帶藍色色澤的石頭）、釣魚線

去海邊遊玩時，看到斷掉的釣魚線等垃圾，想到居住於海中的生物，實在讓人於心不忍。想起那天的回憶，我以多肉植物四海波創作了這款彷彿鯊魚張嘴的設計，並搭配釣魚線一起呈現。我選用海藍色的花盆，作為大海，為表現出鯊魚跳出水面的生動感，將四海波種於縫隙中，另外，為表現大海的波浪，選用帶有藍色色澤的石頭作為收尾材料。

TIP

當四海波摸起來感覺變軟時，就要澆水。

普諾莎球形花盆

植物 普諾莎

材料 球形水泥花盆、花盆墊片、輕石、多肉仙人掌介質、木紋石、收尾材料（粗粒石頭）

水泥質地的圓球狀花盆本身就是亮眼的設計，搭配如同樹木的多肉植物普諾莎，栽種成密密麻麻的一片，彷彿一座小樂園。選用小型花盆時，若植物生長得太快，很快就會破壞花盆和植物的平衡，因此選擇生長速度較慢的植物比較好。此外，由於這個花盆的開口傾斜，建議選用有重量的收尾材料。整體組合俐落簡單，在空處擺放一顆木紋石，也能成為觀賞亮點。

TIP

由於傾斜的關係，水可能會流出來，建議慢慢澆水，或以浸盆法給水。

沿石山生長的碧魚連

植物 碧魚連

材料 圓形土盆、花盆墊片、輕石、多肉仙人掌介質、火山原石、收尾材料（暗色石頭）

碧魚連的葉片為愛心形狀，非常受歡迎。碧魚連適合搭配深色系，因此選用卡其色的花盆栽種，粗糙的質感再搭上有重量感的火山原石，彷彿植物沿著石頭山一路生長。這個作品到處充滿愛心，能帶給人十足的力量。

TIP

放在陽光充足的地方栽培。葉片出現皺摺時，就要充分澆水。

可愛的多肉集合

植物 綠龜之卵、白樺麒麟

材料 正多邊形陶瓷花盆、花盆墊片、活性碳、輕石、多肉仙人掌介質、鵝卵石（兩種大小）、收尾材料（黑色細沙）

這個設計以正多邊形的亮色花盆搭配各種可愛的多肉植物。栽種綠龜之卵時掉落的葉片，可以插在各處當作裝飾。多肉植物本身就很會生根、繁殖，將掉落的葉片插入土中，就能自己生長新的根，成為新的個體。旁邊搭配柱狀的白樺麒麟，作為視覺亮點。最後再擺上圓圓、光滑的鵝卵石。而為了凸顯植物的顏色，選用深色收尾材料，降低亮度。混合在土壤中的輕石或蛭石，與不同大小的鵝卵石，共同演繹出自然感。

TIP

這個花盆本身沒有排水孔，且使用細粒收尾材料，因此建議以細的水流慢慢澆水。

沙漠的日與夜

植物 月兔耳、雲南石蓮

材料 水泥花盆、花盆墊片、輕石、多肉仙人掌介質、松皮石、蛭石、收尾材料（黑色火山石）

仔細觀察月兔耳，會發現葉片上有細細的絨毛，形狀像是兔子耳朵。雲南石蓮的外型較特殊，有著如同花朵的異國風貌，散發出神祕感，葉片含紅色、黃色、綠色，呈現出奇妙的色彩。在這個作品中，以復古花盆搭配大松皮石，營造乾燥沙漠的氛圍，並栽種多株朝不同方向的月兔耳。大石頭後方種小的雲南石蓮，作為視覺亮點。此外，為讓色彩協調，選用和雲南石蓮色彩相近的黑色火山石作裝飾。

TIP

月兔耳的葉片呈現無力狀態時，就要充分澆水。兩種多肉植物的大小有所差異，澆水的量可能不同，建議從比較需要水分的植物那側開始澆。

玻璃瓶的多肉世界

植物 姬星美人

材料 長玻璃容器、活性碳、彩色小石頭（兩種顏色）、火山石（紅色、黑色，有大有小）

這個作品是在小玻璃容器內栽種小型的多肉植物。這裡使用透光的長形玻璃瓶，可以單手拿起來欣賞，內部設計也有許多亮點，從不同角度都能觀賞。擁有極小葉片的姬星美人，搭配粗糙質感的大石頭，更能凸顯葉片的型態，旁邊同時有紅色和黑色火山石，展現出從石頭縫隙生長的生命力。玻璃壁面的色彩要避免過暗，深色石頭間穿插淺色石頭，這麼一來才能看得清楚，也能當作視覺亮點。

TIP

多肉植物不喜歡環境過濕，因此要經常打開蓋子通風。澆水後要開蓋子至乾燥。

沙漠的仙人掌

植物 猴尾柱、紅彩閣、銅綠麒麟、空氣鳳梨

材料 木紋石（兩種大小）、漂流木、椰纖片、蛭石、駱駝玩偶

為了展現沙漠特有的環境，這個作品選用了許多沙漠色的素材。我結合了各種大小的石頭、乾燥的椰纖片以及不同型態的木頭，來表現蒙古沙漠的粗糙乾燥感。佇立於其中的猴尾柱、紅彩閣、銅綠麒麟等植物都可以自由擺放。我沒有使用制式容器，僅在一個平面上進行創作。在中間放置一塊造型搶眼的大漂流木，

然後錯落擺放木紋石，存在感強烈的猴尾柱仙人掌繞著木頭與石頭擺上去，做出從高處往下生長的感覺。此外，為展現在貧脊之地努力生存的生命力，於漂流木間放上空氣鳳梨。最後搭配我去蒙古旅行時購買的駱駝玩偶，很有沙漠風情吧！

TIP

仙人掌需要大量光照，建議放置於陽光充足的室內。同樣的材料也適合做成玻璃容器作品。

Part

3

Orchid & Moss Design

附生植物組盆

生長於植物表面或依附在樹木、石頭上生長的
著生蘭、苔蘚、空氣鳳梨等皆屬附生植物。
著生蘭會綻放漂亮花朵，備受喜愛，
利用葉片和莖的型態就能打造美麗造型。
帶濃翠綠意的苔蘚具有自然氣息，
可以設計出亮眼的作品。
試著運用可在多種環境生長的植物，
組合出獨具魅力的植栽吧！

Care　附生植物的日常照顧方式

附生植物如同其名，為依附於其他植物體表而生存的植物，它們能附著於樹枝上，也能沿著石縫生長。蘭科植物、羊齒植物、苔蘚植物、地衣類等皆屬附生植物。

蘭科植物照顧

氣根發達的蘭科植物又被稱作「根之植物」，只要照顧好根，就能長葉子與開花。蘭科植物的種類多元，又分為附著於樹木或岩石的「著生蘭」，以及根部生長於土壤中的「地生蘭」，還有較少見的「腐生蘭」。一般我們熟知的蘭科植物大部分為著生蘭，以水苔或樹皮栽種，生長溫度依植物調整。它們需要好好進行光合作用才能健康成長，建議放置於採光良好處。此外，因喜好高濕度環境，須維持空氣中的濕度並持續給水。

苔蘚照顧

苔蘚的構造單純，只要少許的光線和水分就能生存。在戶外陽光充足處，也能好好生長；若是種植在室內時，建議放置於密閉容器或涼爽、潮濕處。苔蘚需要定期噴霧，維持濕潤。

空氣鳳梨照顧

空氣鳳梨只需空氣和水分就能活，在大自然中生長的型態，就如同在空氣中生長，因此得名。根部除了附生之外，沒有太大作用，主要是透過葉片的「毛狀體」構造吸收空氣中的水分和養分。水分不足時，空氣鳳梨的顏色會轉為灰色；吸收充足的水分後，則會轉為草綠色。雖然空氣鳳梨會自行吸收空氣中的濕氣，但也必須定期噴霧，或浸泡於水中。泡水過後，要記得將葉片間的水分抖掉。

栽種方法

附生植物並非在地面生根、生長的植物，而是附著於樹木或石頭上。有別於一般植物的根部栽種於土壤中，它能透過其他方式吸收來自霧、露水、雨水、空氣中的養分和水分。具代表性的附生植物如著生蘭，一般栽種於水苔或樹皮中；空氣鳳梨透過「毛狀體」構造吸收水分和養分，不必栽種於土壤中，通常放置於某處或吊掛於空中。空氣鳳梨的栽種方式簡單，能運用於各種設計。

Ⓐ —— 收尾材料 用來增添設計趣味。使用玻璃容器時，可以堆疊各種顏色與質感的收尾材料，增加可看性。

Ⓑ —— 水苔＆樹皮 著生蘭不栽種於土中，要使用樹皮或排水性、保水性良好的水苔處理根部，上方可以覆蓋苔蘚，幫助維持濕度。

Ⓒ —— 排水層 鋪上輕石或蛭石，製作成排水層。使用沒有排水孔的盆器時，排水層即擔任排水孔的角色。

Ⓓ —— 活性碳 盆器沒有排水孔時，發揮淨水和除臭的功能。

燭台苔蘚庭院

路過樹林間的水流處或積水處時，
停下腳步仔細觀望，
必能看見各式各樣的苔蘚。
如果你明白苔蘚有獨有的外型和質感，
必能品味不同層次的樂趣。

材料

植物&容器
苔蘚、覆地苔蘚、
砂蘚
燭台（Ikea）

介質&裝飾
活性碳、水苔、
火山石（各種大小）

工具
鑷子、剪刀、竹籤

Gardener's Note

看著造型簡單的白色燭台，讓我構思出這款運用下方空間的設計。因為空間狹小，較不適用空間大小的變化技巧，而是要以多變的質感展現，增添趣味。考量下方沒有排水孔，因此鋪上活性碳和表面不平整的水苔。主體使用了三種苔蘚，分別搭配火山石呈現。

整整齊齊的砂蘚和苔蘚並列，大小略微不同。靠近手把的部分擺放覆地苔蘚，展現自由奔放之感。單純以苔蘚類呈現，乍看有些單調，不過一側做成圓球狀，另一側以火山石呈現不規則曲線，線條與紋路質感兼具，搭配起來協調且豐富。

How to Make

1 將燭台清洗乾淨後晾乾，接著在底面均勻鋪上活性碳。

TIP 盆器本身沒有排水孔時，活性碳能達到淨水與除臭的功能。

2 在活性碳上方均勻鋪上水苔，幫助維持水分。

TIP 如果水苔為乾燥狀態，先將水苔泡水、擰乾，呈現濕潤狀態後再使用。

3 先放上一顆大火山石。

TIP 先放置苔蘚也無妨。

4 以剪刀將砂蘚修整成適合放置於火山石旁邊空間的大小。

TIP 乾燥狀態的苔蘚先浸泡水 15-20 分鐘，再取出擰乾，並以鑷子或手去除異物和腐壞的部分。

5 將修剪好的砂蘚放到火山石旁，輕輕覆蓋於水苔上。

TIP 砂蘚要比石頭小或大一些，才能做出層次感，看起來會比較自然。

6 再將修剪好的苔蘚放到砂蘚旁。

7 輪流將苔蘚與石頭放到水苔上。也可以將大小不同的火山石放在一起。

8 擺放到靠近燭台手把時，將覆地苔蘚剪成適當的大小，放到石頭旁邊。

9 在最初放的大火山石和最後放的苔蘚間的空間裡，放小火山石。

10 最後檢視整體空間，如果水苔上還有縫隙，以竹籤輔助放入小顆的火山石。

照顧方式

苔蘚必須維持濕潤，因此要經常以噴霧給水。如果陽光過強，溫度會上升，容易導致苔蘚變黃，必須多加留意。

苔蘚擁有各種
型態、色彩與質感，
具備能讓人感受到
生命力的微型之美。

東方風石斛蘭石盆

石斛為附生於石頭縫或樹木的著生蘭，
栽種於粗獷感強烈的石盆中非常合適。
當它綻放淡粉紅色的花時，
又是另一番風情，十分美麗。

材料

植物&容器
石斛蘭、苔蘚
造型石盆

介質&裝飾
樹皮、水苔

工具
剪刀

Gardener's Note

這是一款兼具高級感與東方風格的設計。栽種方式簡單，關鍵在於石盆以及植物的外型，兩者是否相匹配，植物若比石盆大或小太多，搭配起來就會顯得不協調。

觀察大自然中的苔蘚，不難發現有的較為突出，有些較為平坦。在這個作品，使用的是向上突起的圓形苔蘚。一塊塊圓形苔蘚擺放於石盆上，彷彿石山裡的一座綠色小山丘。

植栽設計並沒有答案，可以帶著開放的心態調整。雖然一開始多少會感到茫然，但只要多回想平時所見的大自然景色，必能有所幫助。進行設計時，建議以熟悉、自然、舒服的感覺為主要考量。

How to Make

1 略壓石斛蘭的外盆，讓土和盆分離後，一手抓盆，另一隻手抓植物的底部，將植物拉出脫盆。拔除水苔和樹皮，檢查根部狀態，剪除過黑和過軟的部分。

2 確認根部的大小，在石盆中鋪上適當高度的樹皮，做成排水層。

TIP 如果遇到盆器矮、排水孔小的狀況，可以省略花盆墊片和樹皮，直接鋪水苔。

3 將濕潤的水苔擰乾後備用。

TIP 如果水苔為乾燥狀態，先將水苔泡水9-10 小時，再擰乾使用。

4 將水苔放入石盆內，做出讓植物根部伸展的空間。

5 將石斛蘭放入石盆內擺擺看，調整方向，找出最適當的位置。

6 在根部放滿水苔，固定石斛蘭。

7 將潮濕狀態的苔蘚修剪成 3-5 個圓形預備。修剪之前要先考量欲覆蓋的水苔面積。

TIP 乾燥狀態的苔蘚先浸泡水 15-20 分鐘，再取出擰乾，並以鑷子或手去除異物和腐壞的部分。

8 將苔蘚處理成適當的大小與厚度後，放入石盆與石斛蘭之間，做出飽滿感。

9 旁邊再陸續填放其他苔蘚，讓整體造型更飽滿。

10 水苔上覆蓋完苔蘚後，檢查是否留有空隙，小空隙處再放上小苔蘚即完成。

照顧方式

苔蘚必須維持濕潤，因此要經常以噴霧給水。如果盆栽重量比平時輕，即代表水苔變乾，這時候請充分給水，讓水苔浸濕。

東亞萬年苔玻璃茶壺

先種上外型像樹木的東亞萬年苔，
搭配化身為絕壁的松皮石，
再以低矮的苔蘚做成草地，
在小小的容器內濃縮了大自然風貌。

材料

植物&容器
東亞萬年苔、苔蘚
玻璃茶壺

介質&裝飾
蛭石、
觀葉植物培養土、
松皮石、
收尾材料（黑色、
褐色、白色細沙）

工具
鑷子、噴霧器

Gardener's Note

看到這個茶壺時，我的腦中自然浮現了玻璃容器的設計。此玻璃容器是雙層設計，從外面觀賞這個植物作品時，就彷彿漂浮於空中。這個容器很小，理所當然也要挑選小的植物來搭配，因此選用生長速度慢的苔蘚。苔蘚的外觀比想像中還要多樣化，即使只用苔蘚，也能做出豐富的設計。苔蘚能做成大樹，也能鋪成草地，搭配以石頭模擬的峭壁，在小小的空間中就能演繹大自然景觀。另外，利用石頭讓顏色分層做出對比，從玻璃側面欣賞，別有一番風味。除此之外，還能打開蓋子從上面觀賞，趣味無窮。

花盆入口愈小，作業的時間就會愈長，也需要更高度的集中力。種植物、放石頭後，剩下的需要屏氣凝神小心翼翼處理。說不定完成一個作品後，就會感到肚子餓了呢。植物作品並非大才美，小巧精緻也獨具品味。只要是用心製作的，都是無價珍寶。一起來感受小庭院帶來的喜悅吧！

How to Make

1　將玻璃茶壺內層清洗乾淨。

TIP 此款容器的內層玻璃杯是用來泡茶的，因此有濾水的洞。若容器沒有洞，在底部鋪上活性碳即可。

2　鋪上蛭石，做成排水層。

TIP 排水層也能以輕石製作。由於內部會被清楚看見，因此選用灰塵較少、顆粒較小的蛭石。

3　鋪上觀葉植物培養土，再以噴霧器噴霧，並壓實土壤。

4　在土壤中間挖一個要種東亞萬年苔的洞。

5 將東亞萬年苔放入洞中，調整樹形後蓋上土，將植物固定。

6 決定好正面位置，並在後方擺放一顆大松皮石。

7 動作小心地將褐色收尾材料往玻璃邊緣堆疊。

TIP 放入時可以使用小鑷子小心處理，避免形狀亂掉。

8 再堆疊一層黑色收尾材料，讓分層顏色更明顯。

TIP 若堆疊時不小心在玻璃內部留下灰塵或指紋，可以用濕紙巾擦除。

9　將苔蘚剪成適當大小，放到東亞萬年苔前方，做出蓬鬆感。

10　轉到另一側，在苔蘚和松皮石間放上另一塊小松皮石。

11　動作小心地在玻璃邊緣放上和黑色對比的白色收尾材料。

TIP 要在較狹小的地方擺放材料時，可以將紙張捲成漏斗輔助使用。

12　最後再疊上一層褐色收尾材料，整理表面即完成。

照顧方式

東亞萬年苔在陽光充足處栽種，既不會輕易變色，而且容易生長。由於平常將玻璃茶壺的蓋子蓋著，因此若放置於陽光過強的地方，內部溫度會升高，必須多加留意。建議放在陽光充足的明亮室內，平日照顧時經常打開蓋子通風，並以噴霧的方式補充水分。

風蘭淺黑盆

在扁平寬大的黑色花盆內，
以風蘭為主角，搭配圓潤的苔蘚及堅硬的火山石呈現。
此作品從各角度皆能欣賞，可以放置於桌子中央，
也能當作空間一隅的飾品。

材料

植物&容器
風蘭（兩種品種）、
苔蘚
矮圓形花盆

介質&裝飾
活性碳、輕石、
水苔、
火山石（各種大小）

工具
鑷子、竹籤

Gardener's Note

風蘭喜好潮濕的環境，苔蘚也必須維持濕度，兩者合植十分合適。這個作品以黑色低矮花盆為載體，承載了主角風蘭，並搭配火山石和苔蘚。淺花盆搭上中間突起的設計，不必特別設定正面，而是要能從各個角度欣賞。

栽種時要特別留意調配石頭的高矮和植物的方向。由於材料們擺放時需要相互支撐的力道，因此決定位置後，務必以收尾材料固定。只要將植物固定好，並仔細處理最後細節，就不必擔心後續問題。

組盆時，要不時拿近、放遠觀察，注意整體的型態，也關注各方向的小細節。這個作品有許多細節要顧及，難度稍高一些，但完成後必能得到心滿意足的成果。

How to Make

1　略壓植物的外盆，讓土和盆分離之後，一手抓盆，另一隻手抓植物的底部，將植物拉出脫盆。拔除水苔和樹皮，檢查根部狀態，剪除過黑和過軟的部分。

2　將花盆洗淨、晾乾後，先均勻鋪上一層活性碳。

TIP 盆器本身沒有排水孔時，活性碳能達到淨水與除臭的功能。

3　接著鋪上適當高度的輕石，作為排水層。

4　鋪上水苔，做出讓植物根部伸展的空間。鋪好後稍微調整，讓整體感覺能更飽滿。

TIP 如果水苔為乾燥狀態，先將水苔泡水 9-10 小時，再擰乾使用。

5 在最高處種下第一種風蘭，根部縫隙處以水苔固定好。

6 在較低處種第二種風蘭。風蘭的葉片位置略微改變，避免和另一株太一致，看起來會比較自然。

7 在較低位置的風蘭旁邊，擺放小火山石。

8 在較高位置的風蘭旁邊，擺放大火山石。

TIP 依植物高度調整石頭大小，既能避免枯燥單調，還能維持均衡感。

9 在較高的風蘭後方擺放另一顆火山石，並固定好位置。從正面觀看時，石頭要有高矮之別。

10 在步驟 7 擺放的火山石附近，放上一個大小不同的火山石。

11 將苔蘚剪成比步驟 10 的火山石還要大的圓形，放到石頭間，做出飽滿感。

TIP 乾燥狀態的苔蘚先浸泡水 15-20 分鐘，再取出擰乾，並以鑷子或手去除異物和腐壞的部分。

12 在大苔蘚旁邊放上圓形小苔蘚。

TIP 苔蘚的大小不一，看起來比較自然。

13 從正上方觀看，確認是否需要增加苔蘚。在較高的風蘭和後方石頭間的空隙處放上圓形的苔蘚。

TIP 石頭和植物要避免呈現一直線，更符合大自然的景觀。

14 在大石頭旁邊放小苔蘚，做出飽滿感。水苔上不用放滿石頭或苔蘚，留些空隙也無妨。

15 下方處理好後，在最高處的風蘭附近放上苔蘚。

16 在低處的風蘭旁邊的空位放上小苔蘚。

17 在苔蘚和大火山石間放上小火山石，固定風蘭。

18 水苔露出的部分以小顆粒狀的火山石覆蓋收尾。使用竹籤作為輔助，能讓火山石均勻分布。

照顧方式

苔蘚要隨時噴霧保持濕潤，才能長得健康。這個作品使用沒有排水孔的花盆，因此要經常確認水分是否充足，若盆栽變輕，就要充分給水，讓水苔浸濕。

風蘭是附生於石頭的著生蘭，主要於海邊自生，生長於多風、高濕度的環境。此作品中其中一株使用的是日本品種的風蘭，花型小巧可愛，會散發出淡雅的香氣。照顧時要注意通風，並給予充足的光照，也要維持空氣濕度。

三冠王石斛圓盆

三冠王是擁有蓬勃黃色葉片和透明莖的魅力植物，
開花時期，除了賞花，莖與葉也都相當漂亮。
低矮的蘭科植物可以和各種石頭搭配，
帶出截然不同的感覺。
仔細觀察會發現，這個作品就如同大自然的縮小版。

材料

植物&容器
三冠王石斛、
覆地苔蘚、苔蘚
白色圓形花盆

介質&裝飾
活性碳、輕石、
木紋石（兩種大小）
收尾材料
（亮色小石頭）

工具
鑷子、竹籤

Gardener's Note

高而優雅的蘭花十分美麗，但我個人也非常喜歡矮的蘭花。之前我逛花市時，看到三冠王石斛就毫不猶豫地帶回家，因為忙碌沒能換盆，只有固定澆水，結果就這麼開花了。要讓蘭花開花，其實需要細心照料給予能量，花朵出其不意地綻放，讓我充滿了感激。若在蘭花開花時換盆，可能會讓植物有點壓力，等花謝之後再進行較好，不過因為想要延長賞花期限，我還是小心翼翼地換了盆。

世界上所有植物的開花時機都不盡相同。大部分植物一年只開幾天花，時間相當短暫，結果沒開花的時期就不受矚目，非常可惜。不過，蘭花未開花的時期，也需要仔細照料，才能迎接下一次開花。如同我們的工作，也必須歷經付出心力的過程，才能享受最後的果實。花還未開，只是時機未到而已，相信時機到來，必能迎接美麗的花朵。

How to Make

1　略壓三冠王石斛的外盆，讓土和盆分離後，一手抓盆，另一隻手抓植物的底部，將植物拉出脫盆。拔除水苔和樹皮，檢查根部狀態，剪除過黑和過軟的部分。

2　將花盆洗淨、晾乾，先均勻鋪上一層活性碳。

TIP 盆器本身沒有排水孔時，活性碳能達到淨水與除臭的功能。

3　將三冠王石斛放到花盆旁，大略測量排水層的高度，然後鋪上適當高度的輕石。

4　將三冠王石斛放入盆中，找到適當位置，並調整好樹形。

5 一手抓住三冠王石斛，在根部縫隙填滿水苔，讓植物固定。

TIP 如果水苔為乾燥狀態，先將水苔泡水 9-10 小時，再擰乾使用。

6 三冠王石斛固定後，在旁邊放一顆大木紋石。

7 在大木紋石旁邊放上小木紋石。

8 將覆地苔蘚剪成適當大小，放到三冠王石斛的右側方。

TIP 乾燥狀態的苔蘚先浸泡水 15-20 分鐘，再取出擰乾，並以鑷子或手去除異物和腐壞的部分

9 將苔蘚剪成適當大小與厚度的圓形，放到木紋石旁邊，儘量做出飽滿感。

10 在花盆後方放上剪成適當大小的苔蘚，做出飽滿感。

11 在水苔上方的空隙處覆蓋亮色石頭收尾。可以使用竹籤輔助，讓石頭均勻分布。

照顧方式

苔蘚要經常噴霧，使其隨時保持濕潤。蘭科植物的根部也必須定期給水。因為這個花盆沒有排水孔，所以如果整體變輕，就代表水苔變乾，必須給予充足的水分。澆水時要適量，大約不超過花盆的三分之一。

蜘蛛蘭苔球

苔球是在不使用花盆的狀況下栽種植物的方式，
因根部露出，要以非乾燥的水苔或樹皮填滿，
再以濕潤的苔蘚包覆。
帶有美麗橘色光澤的蜘蛛蘭，
種在苔球上，完美展現蘭花本身的魅力。

材料

植物&容器
蜘蛛蘭
苔蘚

介質&裝飾
水苔

工具
釣魚線、剪刀

Gardener's Note

將蜘蛛蘭製作成苔球，其美麗花朵與狹長的葉片與花莖形成平衡，就能營造出一種高級感，而且觀賞時也能將焦點集中在植物本身的魅力。

蜘蛛蘭喜好高濕度，搭配同樣需要維持濕潤的苔蘚，十分合適。苔球的大小必須考量植物的比例，製作成圓形能提升完整度。一開始製作苔球時，可能會遇到形狀不圓、過長等各種不理想的狀況，不過只要多做幾次，就能掌握祕訣，抓到手感，往後製作時，便能做出滿意的厚度與觸感。

不論是什麼事情，一開始難免感到陌生，但只要持續嘗試，必定能順利上手。在這個過程中，將會有所領悟，並且能感受自己的成長，一步步向前邁進。

How to Make

1　略壓蜘蛛蘭的外盆，讓土和盆分離後，一手抓盆，另一隻手抓植物的底部，將植物拉出脫盆。

2　拔除水苔和樹皮，並檢查根部狀態，剪除過黑和過軟的部分。

3　一邊留意讓根部留有空間，一邊在根部縫隙處放滿水苔。

TIP 如果水苔為乾燥狀態，先將水苔泡水 9-10 小時，再擰乾使用。

4　水苔完全包覆根部後，將形狀整理成圓形。

5　將苔蘚剪成和苔球相搭的大小和厚度。

TIP 乾燥狀態的苔蘚先浸泡水 15-20 分鐘，再取出擰乾，並以鑷子或手去除異物和腐壞的部分。

6　將苔蘚包覆在水苔上。

7　繼續包覆苔蘚，避免重疊，直到形成完整的圓形。

8　一手抓住釣魚線與苔球固定，另一手將釣魚線沿著苔球繞，使苔蘚固定。

9 重複在苔球上覆蓋適當大小與厚度的苔蘚，包覆成圓形，再以釣魚線固定。

10 將苔蘚固定好，整體形成圓形後，留下一段充足的長度，再剪斷釣魚線。

11 將剩下的釣魚線穿過苔球縫隙兩次以上會更牢固。

12 打結並減掉多餘的線即完成。

照顧方式

如果苔球完成後會翻倒，可以放到淺碟或石頭上穩固。苔球若太過乾燥或照射陽光過強，都會導致變黃，因此要儘量避免光線直射，並保持其濕潤。如果苔球變輕，表示內部的水苔乾燥，可以將苔球浸泡於水中，讓內部完全浸濕。蘭花謝後，從底部剪掉花梗，接著持續照顧葉片，明年就能再度開花。

Design Works

附生植物設計作品

山海間的釜山之城

植物 苔蘚

材料 陶瓷水盤、活性碳、輕石、水苔、火山原石、鵝卵石、收尾材料（兩種顆粒的小石頭）

這個作品以「釜山」城市為概念發想製作，在微小盆景中，同時容納了大自然的山與海洋。選用帶有波浪紋的盆器，凸顯海洋的形象；山則以翠綠的苔蘚呈現；在山的兩端，一側以細小石頭呈現沙灘，另一側以較大顆粒的石頭呈現釜山之海。

TIP

苔蘚要經常噴霧，保持濕潤狀態。

水池的附石鹿角蕨

植物 鹿角蕨、水萍、覆地苔蘚

材料 圓形花盆、咕咾石、水苔、蛋石

附生植物一般以樹皮或水苔栽種，在此作品中，使用水苔包覆鹿角蕨的根部，再固定於咕咾石上。組盆時，先將咕咾石放入盆中，決定好正面位置，接著將蛋石放入其他空處，慢慢倒入水後，最後放入水萍即可。水萍雖小，但會隨著水流漂浮移動，在視覺上趣味十足。

TIP

鹿角蕨喜歡潮濕的環境，需要一些時間生長。水萍則生長於水中，只要定期換水就能進行光合作用。

多素材附石盆景

植物 風蘭、空氣鳳梨小狐尾、苔蘚

材料 圓形花盆、活性碳、輕石、水苔、松皮石、蛋石、各式素材

這個作品以風蘭搭配松皮石，放入花盆中，再以各種型態的石頭裝飾。在圓弧形的苔蘚間放入一叢立體的空氣鳳梨小狐尾，可作為整體的亮點。空氣鳳梨小狐尾會吸收空氣中的水分和有機物質，不必種於土壤中，能放置於任何地方栽種。作品最後使用姿態各異的多種素材裝飾，做出曲線，讓人印象深刻。

TIP

苔蘚要經常噴霧，隨時保持濕潤，觀賞時才會顯得翠綠。空氣鳳梨小狐尾要經常泡水，不過若經常噴霧，不另外泡水也無妨。附石盆栽的根部要每天補充水分。

玻璃碗風蘭苔球

植物 風蘭

材料 玻璃碗、活性碳、輕石、水苔

健康生長的風蘭根部相當粗實，尤其根部末端（生長點）會帶淡綠色，這就是健康的象徵。風蘭可以直接以水苔包覆，製作成苔球，但若將苔球下半部放在玻璃碗中，既能穩固，還能避免水流，在照顧上更有效率。此外，玻璃材質能呈現現代摩登感。若使用水苔或樹皮栽種於花盆中，勢必會蓋住根部，運用玻璃碗將部分根莖外露，不失為展現魅力的栽種方式。

TIP

蘭花的根部必須維持濕度與通風。露出在空氣中的部分，水分會快速蒸發，必須要勤於給水。建議經常噴霧，保持高濕度。

玻璃罐苔蘚小森林

植物 苔蘚、曲尾苔、東亞萬年苔

材料 玻璃罐、活性碳、蛭石、松皮石、水苔

這個作品中沒有重點植物，單純以苔蘚完成綠油油的玻璃瓶設計。首先製作適當高度的排水層，再放入能供給水分的水苔。於多洞的松皮石中，栽種東亞萬年苔，並於松皮石附近擺放各種苔蘚，打造成迷人的苔蘚世界。苔蘚在密閉空間內能輕易維持濕度，在照顧上相對容易，如果覺得照顧植物有壓力，不妨以玻璃容器種苔蘚，開啟自己的植物世界。

TIP

建議放置於陽光適量的室內。偶爾要打開蓋子通風、給水。

矮小的苔蘚庭院

植物 東亞萬年苔、苔蘚

材料 玻璃容器、活性碳、培養土、彩色石頭（三種顏色）、火山石

這個作品以日常生活中常見的玻璃瓶製作，用低矮的容器打造一座苔蘚庭院。蓋子可以蓋上，保持濕度，也能打開欣賞。因為容器較淺，主要從上方觀賞。成團的苔蘚搭配樹形的東亞萬年苔，絲毫不顯單調。作品以各種顏色的小石頭收尾，並以黑色火山石作為亮點點綴。

TIP

建議放置於陽光適中的室內。偶爾要打開蓋子通風、給水。

咖啡壺苔蘚世界

植物 苔蘚

材料 玻璃製咖啡壺、活性碳、撿來的石頭、彩色小石頭（各種顏色、顆粒）

這款設計以玻璃製咖啡壺搭配苔蘚與各種石頭製作而成。在海邊撿到神秘色彩石頭的時候，讓我產生設計成冰山的想法。我曾經看到新聞描述，隨著南極的溫度上升，冰河開始融化，土地開始長草。因此我用深藍色的石頭來表現深海，接著鋪上淺藍色的石頭，最後以白色細沙收尾表達積雪。撿拾來的石頭則用以表現冰山，另一側陸地部分擺上苔蘚，展現自然中的綠色風貌。只要善用日常生活用品，就能將其化身為傳達訊息的動人作品。

TIP

撿來的石頭清洗乾淨後就能使用。作品中的植物只有苔蘚，建議平時將蓋子蓋上，偶爾打開通風與噴霧給水。

水耕附石蘭花

植物 樹蘭、折鶴蘭、覆地苔蘚

材料 圓形淺花盆、紅色火山石、水苔

某次逛花市時，一位老闆贈送折鶴蘭給我，因為覺得直接種在水中太可惜了，而發想出這個附石作品。首先將折鶴蘭附石，再放入低矮的容器中。樹蘭的根部能固定於石頭或樹木上，這裡是固定在石頭上，利用水苔吸收水分。此外，折鶴蘭根部上方以覆地苔蘚覆蓋，苔蘚和石頭搭配，十分美麗，還能幫助維持根部水分。平常要留意保持花盆裡的水量，讓折鶴蘭的根部浸泡其中。

TIP

折鶴蘭每天換乾淨的水，一週內就能長出根。可以維持這個狀態栽培，但若葉片過大或根部營養不足，建議移植到土壤中。

東洋風蘭花盆景

植物 樹蘭

材料 陶瓷花盆、花盆墊片、輕石、水苔、椰纖片

樹蘭擁有彎曲的樹形，在這個作品中分別栽種於花盆的兩側，兩株樹蘭的方向和角度略微不同，從不同角度能欣賞相異的面貌。為展現植物的曲線，花盆選用簡潔的陶瓷盆。收尾材料使用椰纖片，扁平且帶質感。花朵底部細長，搭配簡潔的葉片，洋溢著東洋風與優雅氣息。這個設計既能帶出植物曲線的存在感，也能為簡單的空間展現留白之美。

TIP

若水苔乾燥，要充分給水，維持濕潤。蘭花喜好高濕度，建議經常噴霧。

鹿角蕨椰殼苔球

植物 鹿角蕨

材料 樹皮、水苔、椰纖片、釣魚線

鹿角蕨是附生植物，不需要依靠土壤生長，可以栽種於樹皮或水苔等介質中。此作品先將鹿角蕨的根部以樹皮和水苔完整包覆，再以釣魚線固定，接著用椰纖片收尾，帶出自然的感覺。完成後可以直接擺放在桌子等處，也能垂吊於空中，作為吊掛植物栽培。

TIP

鹿角蕨要經常噴霧，維持濕度。可以將整個苔球拿起來評估重量，以確認是否乾燥。濕潤狀態和乾燥狀態的重量明顯不同，必須經常確認。乾燥時，可以將整個球部浸泡於水中，讓內部完全浸水，但拿起後要記得瀝乾，避免過濕。

鹿角蕨上板

植物 鹿角蕨

材料 木板、水苔、樹皮、椰纖片、鐵釘、電鑽、麻繩

這是在木板上種鹿角蕨的作品。先在木板上決定好植物的位置，於附近釘上三、四個鐵釘。鹿角蕨的根部以樹皮和水苔包覆後，以麻繩掛在鐵釘上，固定於木板上，最後再覆蓋椰纖片即完成。釘在木板上的作品能夠倚靠在牆上，也可以掛在壁面或吊掛於空中。栽種於木板上比栽種在花盆中更有自由的感覺，也帶出些許異國情調。

TIP

要定期供給水苔水分，葉片也要經常噴霧，保持濕度。

生生不息的水池生態園

植物 密葉卷柏、曲尾苔

材料 矮花盆、彩色小石頭、鵝卵石

在大自然中生長於岩石上的密葉卷柏，只要濕度高就能健康生存，濕度低則會縮捲起來。而曲尾苔是只要少許陽光和水分，就能生存的生命體。若是空氣中的濕度不足，花盆上就要覆蓋其他材料輔助。為讓植物健康生存，此作品中建造了一座水池。花盆內先鋪上彩色小石頭，擺好植物後再固定鵝卵石，最後倒入適量的水即完成。

TIP

花盆要定期換水，苔蘚則要經常噴霧。

蒙古的紅色沙漠

植物 春石斛、苔蘚

材料 圓形花盆、花盆墊片、輕石、水苔、火山石（各種大小）、蛭石、各式素材

TIP

這個作品有許多收尾材料，用肉眼難以確認水苔是否乾燥，可以拿起花盆以重量做確認，如果花盆變輕，就代表要充分給水，讓水苔濕潤。蘭科植物喜好高濕度，要經常噴霧給水。

前往蒙古旅行，才明白原來沙漠中有各式各樣的花朵。沙漠也不盡然都是相同顏色，其中也有紅色的沙漠。來到擁有紅色峭壁的巴彥扎格（Bayanzag），看到如同石山的層層峭壁，令我印象深刻。這個作品以紅色花盆搭配以水苔栽種的春石斛，再用紅色石頭裝飾，表現出蒙古的沙漠風情。此外，利用乾燥的苔蘚表現雜草，搭配各式素材，展現乾燥、貧瘠的感覺。

柏油路縫隙之花

植物 劍葉文心蘭

材料 瀝青、水苔

我在鄉下見過有植物從被丟棄的柏油間冒出頭的模樣，讓我有了這個作品的雛型想像。這個作品是以瀝青塊和水苔栽種劍葉文心蘭。傲然生長於瀝青間的葉片，就彷彿野草般，看似脆弱，卻展現堅強的生命力。花朵距離葉片遙遠，更顯神秘之美。

TIP

這個作品主要是展現其概念，也可以利用水苔將作品栽種於一般花盆。

附石圓葉風蘭

植物 圓葉風蘭、苔蘚

材料 火山原石、片石、水苔

圓葉風蘭擁有小小圓形的葉片，上面帶有鮮明的黃色紋路，為了充分彰顯此特色，挑選深色石頭作搭配。此作品栽種於岩石上，讓圓葉風蘭的氣根露出生長，保持大自然中的模樣。此外，為展現自然感，選用凹凸不平的火山原石，搭配扁平的片石當作地面。石頭下方還擺放了無論在高山、沼澤或森林等處都可見的苔蘚，更顯自然。

TIP

因為栽種於室內，所以搭配容易維持濕度的水苔。由於根部露出，要特別留意水分是否充足。建議每天澆水，或經常噴霧，維持高濕度。

台灣廣廈國際出版集團 Taiwan Mansion International Group

國家圖書館出版品預行編目（CIP）資料

我的第一堂植栽組盆美學課：用最好養的「觀葉×多肉×苔蘚」植物,設計出58種改變空間氛圍的療癒系盆景 /崔廷原著. -- 初版. -- 新北市：蘋果屋出版社有限公司, 2023.05
面； 公分
ISBN 978-626-96826-8-3(平裝)
1.CST: 觀葉植物 2.CST: 盆栽 3.CST: 園藝學

435.11 112002597

我的第一堂植栽組盆美學課

用最好養的「觀葉×多肉×苔蘚」植物，設計出58種改變空間氛圍的療癒系盆景

作　　者／崔廷原
翻　　譯／陳靖婷
編輯中心編輯長／張秀環．**編輯**／許秀妃
封面設計／曾詩涵．**內頁排版**／菩薩蠻數位文化有限公司
製版．印刷．裝訂／東豪．弼聖．秉成

行企研發中心總監／陳冠蒨
媒體公關組／陳柔彣
綜合業務組／何欣穎
線上學習中心總監／陳冠蒨
數位營運組／顏佑婷
企製開發組／江季珊

發 行 人／江媛珍
法 律 顧 問／第一國際法律事務所 余淑杏律師．北辰著作權事務所 蕭雄淋律師
出　　版／蘋果屋
發　　行／蘋果屋出版社有限公司
地址：新北市235中和區中山路二段359巷7號2樓
電話：（886）2-2225-5777．傳真：（886）2-2225-8052

代理印務．全球總經銷／知遠文化事業有限公司
地址：新北市222深坑區北深路三段155巷25號5樓
電話：（886）2-2664-8800．傳真：（886）2-2664-8801
郵 政 劃 撥／劃撥帳號：18836722
劃撥戶名：知遠文化事業有限公司（※單次購書金額未達1000元，請另付70元郵資。）

■出版日期：2023年05月
ISBN：978-626-96826-8-3